U0242517

国家自然科学基金青年科学基金项目(52174193)
山东省自然科学基金青年科学基金项目(ZR2022QE196)

金属矿山复杂通风系统安全性分析及高效智能控风管理技术

赵文彬　陈　旭　著

东南大学出版社
SOUTHEAST UNIVERSITY PRESS
·南京·

内 容 提 要

良好的通风系统对矿井的稳产高产、防灾抗灾能力和矿井的经济效益都有着重大的影响。本书是作者对项目实践过程中积累的经验和科研成果的总结。针对某金属矿山通风系统中存在的主要问题，介绍了矿井通风参数的计算方法，分析了季节自然风压对金属矿山通风的影响，以及金属矿矿井多风机联合运转相互干扰规律和自然风压作用规律，研究了有害风流控制技术，提出了多级机站调控风方案和区域通风管理方法，并通过金属矿矿井通风系统技术的优化研究，建立完善的通风系统优化设计评价指标体系。

本书将为金属矿井的扩能提效及中长期规划提供理论支持及技术保障，并对矿井的安全生产产生积极影响。本书供金属矿井生产、建设、科研、设计的工程技术和管理人员使用，也可作为高校采矿和安全工程专业研究人员的参考用书。

图书在版编目(CIP)数据

金属矿山复杂通风系统安全性分析及高效智能控风管理技术 / 赵文彬，陈旭著. —南京：东南大学出版社，2023.12

ISBN 978-7-5766-1051-2

Ⅰ. ①金… Ⅱ. ①赵… ②陈… Ⅲ. ①金属矿-矿山通风-研究 Ⅳ. ①TD72

中国国家版本馆 CIP 数据核字(2023)第 247284 号

责任编辑：贺玮玮　责任校对：子雪莲　封面设计：毕真　责任印制：周荣虎

金属矿山复杂通风系统安全性分析及高效智能控风管理技术

Jinshu Kuangshan Fuza Tongfeng Xitong Anquanxing Fenxi Ji Gaoxiao Zhineng Kongfeng Guanli Jishu

著　　者：赵文彬　陈　旭
出版发行：东南大学出版社
出 版 人：白云飞
社　　址：南京四牌楼 2 号　邮编：210096
网　　址：http://www.seupress.com
经　　销：全国各地新华书店
印　　刷：广东虎彩云印刷有限公司
开　　本：787mm×1092mm　1/16
印　　张：9
字　　数：176 千字
版　　次：2023 年 12 月第 1 版
印　　次：2023 年 12 月第 1 次印刷
书　　号：ISBN 978-7-5766-1051-2
定　　价：45.00 元

前 言

PREFACE

矿井通风系统是矿井生产系统的重要组成部分，良好的通风系统是矿山安全生产的重要保障之一。矿井通风是保障矿井安全的最简捷、最有效、最经济的技术手段，其他各项专项安全技术措施都必须建立在完善的矿井通风系统之上。它对矿井的稳产高产、防灾抗灾能力和矿井的经济效益都有着重大的影响。某金属矿山采用副井和进风井进风，东、西回风井回风，“五立一斜”的两翼对角和中央并列（溜破系统）混合式通风，现有通风系统存在需风量大、用风地点多、风机运行效率低、漏风量大、主要采场风流不畅、排风困难等问题，严重制约金属矿山的安全、高效、可持续发展。为解决矿井上述通风问题，保障矿井安全生产，遂提出该研究课题。

本书针对某金属矿山通风系统中存在的主要问题，通过一年的阻力测定，找出制约其通风安全性的主要影响因素。针对金属矿山多进回风井及多水平开采特点，通过理论分析找出了自然风压对该系统通风敏感度及安全性的影响；结合金属矿山特点和测试数据，利用 FLUENT 软件和 VENTSIM 三维通风模拟软件，对自然风压的影响区域进行模拟并对比分析，找出自然风压对金属矿山通风的影响规律。考虑自然风压及爆破排烟通风问题，在理论分析的基础上，开发设计了粗线条和精细化的主要通风机变频节能技术和远程节能控制技术，现场运行效果良好。考虑季节自然风压影响的斜坡道污风问题，结合矿车活塞风影响，找出斜坡道污风的产生原因及区域，并设计了风幕隔风调压装置。针对深部−601 m 水平自然风压影响下不同季节通风排污问题，提出了多级机站调控风方案。在进行上述通风技术研究的同时，结合金属矿山通风管理特点，将金属矿山通风区域划分为四个区域，设计了四区域通风管理的指标参数，利用层次分析法和模糊综合评判法分析各区域的通风状况，以指导金属矿山的通风管理。

随着矿山开采深度的增加及开采范围的扩大，通风系统变得更为复杂，通风管理问题日益凸显。本书的研究成果对金属矿山通风系统的优化设计、科学管理有一定的实际意义，对矿井的安全生产也必将产生积极影响。

本书为作者前期通风研究工作的一个总结，在撰写过程中，参阅并引用了大量文献及资料，在此对所引用材料作者的辛苦付出表示由衷的感谢。此外，本书撰写过程中得到了临沂会宝岭铁矿有限公司和山东科技大学等有关单位的工程技术人员和专家学者的大力支持和帮助，同时也得到了临矿集团相关领导，特别是彭立正、史俊文、顾新宇及现场参与人员的大力支持，在此向各位表示深深的感谢！参与本书前期工作的有杨永杰老师，徐凯、董清府、赵超、蔡海伦等同学，曹怀胜、马廷朝、何梦娜、赵启蒙等同学也参与了后期本书部分书稿的撰写工作，在此深表谢意。作为一本结合现场工程实践的书籍，作者希望本书可以给从事矿井通风研究或工艺技术工作的专业人士起到参考作用。书中难免存在错误之处，敬请读者批评指正。

作　者

2023年8月

目 录

Contents

第1章　概　论

矿井通风系统对地下开采而言犹如血液循环对人体一样重要，目的是在井下各需风点提供新鲜空气并将污浊空气排出，以保证井下良好的气候环境和矿井的安全生产。矿井通风良好，是保证矿井安全的一项重要措施。矿山通风系统是一个复杂动态系统，由通风网络、通风动力及风流调节设备组成。其中，煤矿井下通风网络是煤矿井下通风系统中的一个关键环节，它是整个井下通风系统的骨架。如果通风网络设计不合理，将会增加煤矿通风能耗，降低通风效果，严重影响煤矿的正常生产。为此，必须从通风网络的可靠性和稳定性、通风方式、中段通风网络、采场通风网络以及风流调控等多个角度来进行。矿井通风是保障矿井安全的最简捷、最有效、最经济的技术手段，其他各项专项安全技术措施都必须建立在完善的矿井通风系统之上。矿井通风系统在煤炭开采中起着至关重要的作用，其好坏直接关系到矿井能否稳定高产、防灾抗灾以及矿井经济效益能否提高。

随着矿井开采规模的扩大、矿井开采方法及开拓布置的变化、已有开采工作面结束和新工作面的推进，矿井原通风系统随时间和空间不断变化，已不能同矿井可持续生产相适应。因此，需要定期或不定期地对现有的通风系统进行技术改造来满足各用风地点的需风量，确保通风系统的稳定性和可靠性，确保每个施工现场的有害物质浓度不超过限度，为工人的工作创造一个有利的环境。

其中主要包含了对矿井通风系统的调查、测定、评价分析问题、计算矿井需风量、拟定通风系统优化改造方案、进行经济技术效果分析及最优通风系统方案的选择与实施等内容。矿井通风系统优化改造可以分为外部优化和内部优化两种：外部优化是指在各通风系统改造方案中，根据通风系统安全稳定、技术合理和经济效益好等评价指标来确定最优的方案；内部优化是指风量调节、阻力调节、风机工况优化等通风系统内部的调节。

建立一个科学完善的矿井通风体系，是实现矿井安全生产的根本保障。随着金属矿山开采深度的增加及开采范围的扩大，通风系统变得更为复杂、通风管理问题将日趋凸显。在矿井通风动力中，机械通风往往占主体地位，但对金属矿山而言，由于其通风系统的相对复杂性，受季节影响的自然风压直接影响了矿井通风系统运行的安全可靠性及风机的高效运行。

1.1 通风系统研究现状

1.1.1 通风系统可靠性评价

通风系统是一个整体，所以，近年来专家和学者将通风系统的整体可靠性作为重点来进行研究。1995 年，辽宁工程技术大学的马云东教授将矿井通风系统作为一个整体考虑，对系统的各个子系统之间的关系进行了研究。他将矿井通风系统分为不同的单元，首先对不同单元进行可靠性分析，然后将不同单元联系起来建立矿井通风系统的可靠性模型[1]。1998 年，根据可靠度工程学理论，程远国、王德明两位教授[2]对煤矿井下通风系统的可靠度进行了分析与研究。他们对通风系统可靠性进行了分析，并对矿井中不同工作区域的通风条件进行了分析。在不同的工作阶段、工作面，其可靠性的影响因素是不一样的，通过对各主要因素的影响进行统计，并建立相应的数学模型，对全矿井通风系统的有效度进行计算，然后对其可靠性进行分析与评价。2004 年，王洪德和马云东教授[3]以可靠性工程理论为基础，提出了一种基于单元故障频率角度、单元相对易损度和单元重要复杂度的煤矿通风系统可靠度重新分配的新方法。他们的研究给出了矿井通风系统优化设计的新思路。2007—2008 年，王从陆教授[4-5]和吴超教授[6]对矿井空气流进行了物理学的研究。根据通风网络中风流流动的基本定律，研究风流的运动规律，编写了通风网络的解算程序，编制了软件程序，从而实现了矿井通风系统的 Lyapunov 稳定性分析。

对煤矿井下通风系统进行可靠度分析，可以更好地评估煤矿井下通风系统的可靠度。可靠性评价是为了准确客观地描述整个通风系统的可靠性，为管理者的决策提供参考依据。人们对可靠性评价方法的研究也取得了大量的成果。

20 世纪 80 年代，黄元平、赵以惠教授[13]第一次利用综合指标对矿井通风系统进行评价。随后，指标体系的建立不断丰富化、准确化和科学化，为系统评价创造了基础[7-12]。1983 年，黄元平教授建立了包括七个指标的指标体系，具体指标是：通风网络的形式、矿井总风压、矿井总风量、矿井等积孔、通风电耗、主要通风机运转稳定性和矿井抗灾能力。该指标体系考虑了通风系统的安全性和经济合理性。随着可靠性工程和采矿工程的发展，指标体系越来越详细，包含的指标涵盖的范围越来越广。1998 年，中国矿业大学王省身教授等[14]提出了 36 项矿井通风系统可靠度评估指标，其选择范围大致覆盖了矿井通风系统从运行到管理再到防灾害三个层面。

我国在矿井通风系统可靠性分析和评价方面取得了很多成果，但矿井通风系统具有复杂多变的特征，各种矿井通风系统各有其自身的特征，所以在对矿井通风系统进行可靠性分析和评价时，必须理论联系实际，考虑具体个体的特点，为提高系统可靠性提供技术支持。

国外在矿井通风系统可靠性研究方面也取得了大量成果。苏联的通风专家对矿井通风系统的可靠性给出了如下定义[15]：为给井下输送所需要的洁净空气，矿山通风系统在运行时能够维持其工作参数值的能力。他们使用矿井的失效这一指标来对通风系统的可靠性进行描述，将通风系统的失效按照重要性划分为三级[15-17]：三级失效也就是矿井的部分采区丧失了维持其工作参数的能力，二级失效是矿井的大部分采区失效，一级失效是矿井的整个系统失效。为了对矿井通风系统可靠性展开评价，他们使用的评价方法主要包括模拟模型法、统计评价法和结构法[17-19]。针对矿井通风系统的网络化求解，国外学者及专家已有许多理论研究成果[20-25]。Fong 等学者[28]对网络可靠度的不交和算法中提出了改进算法，并获得了较好的效果。Fong 和 Hariri 等人在文献中引入了路径集中独立集的概念，并把计算机技术应用于矿井通风系统。

1.1.2 多风机联合运转相互干扰

针对多台风机和井下通风系统中风机联合运行时的相互影响，已有许多学者进行了深入的探讨。大致分为四种方法：图解法、数值解析法、计算机模拟与实验法、实践与理论综合分析法。

1）图解法

多台风机在联运过程中的互相调整，以往都是通过图解法来进行分析。

韦道景[29]运用作图方法，对两翼对角式通风系统进行了分析，对比每一台风机所承受的风路和共同风路上的风阻变化，发现了通过增加风量来调整风机性能，使其自身的工作风阻降低，工作阻力增加；余下未经调整的风机，其工作风量会减少，工作风阻增加，工作阻力增加。而在采用减风调整的情况下，效果则正好相反。造成以上改变的原因是在调整了一台风机的风量之后，引起了共用风道中风量的改变。

贾进章等人[30]根据最小二乘法原理，利用 Origin3.73 对晓南矿中央风井二号主扇性能测定所得的实际风机特性曲线及金川有色金属公司的实际风机特性曲线进行了曲线拟合及分析，得出以下主要结论：

① 风机特性曲线的拟合并非次数越多越好；

② 采用五次多项式来拟合风机的特性曲线，能得到最佳的结果；

③ 五次多项式不但能很好地模拟扇风机的稳定工作区，还能很好地模拟出大风量下的不稳定工作区、低风量下的马鞍形区域，甚至风机反转工况。

王凤良、赵新[31]针对“H”型通风网路的特征，测定了两翼主要风机服务区域的主干网络及其公用段的阻力。通过对“H”型通风网路的理论分析、解算和转换，得出了每一条风路的风阻值。在此基础上合成转化曲线，解析“H”型通风网路，得到了南北两翼主要风机联合运转初期的叶片安装角度和工况点。

图解法的优点是能直观地拟合出风机的特性曲线，并能从这条曲线上分析出风机的真实工况点。但它的不足之处在于，它的工作量很大，而且在作图时会产生很大的误差，同时精度不是很高。

2）数值解析法

随着学科范围的扩展和数值理论的日趋成熟，许多专家都对多个风机联合运行中的扰动问题展开了细致的数值分析，并得到数值解决方案，从而对风机联合运行进行优化。

汪鹏等人[32]以矿井通风仿真系统为基础，利用网络分流的理论，在已知基本关联矩阵、基本回路矩阵、初始风量和多风机的性能参数的情况下，当网络中某条分支的风量发生变化的时候，就可以得到其他分支风量的变化量和另外一个风机变化后的性能参数，从而有效地提高主要通风机性能参数的精确度。

针对多风机联合运转的情况，徐瑞龙[33]利用拉格朗日插值法，对不同的风机联合运转方式建立相关的模型，分别得出风机风压、风量的拉格朗日插值方程，然后利用矩阵进行求解。通过这种方法，可以确定出并联运行的工况点、合理工况的上下界和联合后每台风机的合理工作范围，从而对多风机联合运行时如何区分彼此之间的干扰进行了一些有益的探讨。

与传统的图解法比较，数值解析法明显具有更高的精度，而且可以省去许多画图转换等步骤，速度快，容易实现计算机数字化处理。数值解析法需要建立大量的数学模型，但目前这方面的研究还不够深入。

3）计算机模拟与实验法

随着计算机技术的发展、图解法的完善、理论模型的成熟、数值解析解的提出，专业计算机模拟软件与实验验证方法的运用也越来越广泛。

王窈惠、胡亚非[34]通过对轴流风机并联运转实验，对“工况点对”在并联运转过程中的迁移规律进行了研究。在风阻增加或减少时，“工况点对”在不同的位置上，其稳定性是不一样的。在矿井的实际情况中，风阻的反复变化，会导致风机的不运转失稳。

对于单角联网络，马恒等人[35]分析得出了角联风路中风流流向变化的判别式。他们采用辽宁工程技术大学安全教研室开发的“矿井通风仿真系统软件”进行了风量计算与模拟，得出角联风路风量变化趋势。

不论是计算机模拟，还是实验分析，它们都可相对直观地对风机的干扰情况进行仿真和模拟，对实际方案的制定有重要的指导意义。本方法的缺点是数据的后期处理需要编程或者利用专门的模拟软件，难度较大，成本较高。

4）实践与理论综合分析法

针对通风系统中出现的反风问题，很多专家运用流体力学知识及通风专业理论，结合煤矿的实际进行了大量的相关研究。

李庆军等人[36]通过对对角式通风系统进行分析研究得出：公用风路上的风量比每个风机风量大，而且并联通风的总风量比每个风机单机运行风量之和小，这是多风机分区并联通风的互相影响问题。并联运行对每个风机的影响程度大小，是由公用风路的阻力以及风机出风量与公用风路上风量比值决定的，也就是说，公用风路上的风阻愈大，其影响愈大，风机出风量与公用风路上风量的比值愈小，其影响也愈大。

杨运良等人[37]针对义马煤业集团千秋矿在2006年12月由于温度突然下降而导致风井由进风变成了回风的现象，在此前已收集的基本实验资料的基础上，对矿井风流反向的原因进行了分析，得出了风流反向的条件，并对预防风流反向的技术措施进行了探讨。

吴旭明、储国平[38]根据通风风阻及自然风压的测定结果，对沛城煤矿进风井风流反向的原因进行了分析，认为主、副两个井口的进风流温差与进风量差变大，进而使风流温度差值加大，形成了一个恶性循环。他们认为，根治的措施是消除温度差和均衡两进风井的进风量，并采取防止进风井风流反向的措施。

王勇[39]针对车集矿副井在冬季运行过程中出现的风流变化，分析了引起副井风流反向的主要原因，认为是供暖引起的副井井筒内空气温度升高，使自然风压力的分布发生了变化，引起主副井之间自然风压力骤增。

翟茂兵[40]结合四台矿实际问题对“多风井联合通风矿井降阻及提高抗灾能力”进行分析研究。四台矿的6台主扇通风能力相差甚大，进风量过于集中，公共风段的阻力集中，电机功率小的主扇风量更小，造成大巷通风系统处于很不稳定的状态，给通风管理工作带来很大困难，严重制约着矿井的抗灾能力。通过具体的改造措施，改变进风通道，调节各个进回风井之间的风量平衡，降低公共风道的阻力。

刘赴前、周游[41]通过对已有的通风系统优化方法进行对比分析，总结出“五位一体”的多风机复合风网优化设计的切实可行的技术方法，包括：通风阻力测定及解算优化分析、通风网络结构优化分析、主要通风机性能鉴定优化分析、计算机模拟解算优化分析、多风机联合运转作图优化分析和综合优化分析。这种技术方法，不但能够对矿井通风系统结构、全矿井阻力分布情况、风量分布以及多风机联合工作状态展开全面的分析，还能获得相应的治理和改进的技术途径，还可以更好地对矿井做出系统的、完善的通风系统优化方案，提高全矿井的通风稳定性和抗灾能力。在多风机复杂风网中，这是一种实用、高效和全面的优化方法。将该技术方法用于新阳矿多台风机复合风网的综合优化，得到了较好的结果，具有较好的实用价值。

1.1.3 矿井风流控制

矿山通风控制是一个涉及面很广的研究领域，长期以来人们从各个方面对此进行了大量研究。从初期对矿井局部风流运动规律的定性分析，到现在对整个矿井通风系统进行自动化控制，凝聚了数代人的汗水和智慧[42]。

Tuck 从矿山通风自动控制的角度，提出了一种智能型通风控制系统的构想框架，周心权在此基础上提出了矿井通风和救灾系统的构想框架[43]。尽管两者在内容上存在着很大的差异，但是它们都包含了矿井通风控制的三大部分：矿井通风网络状态的监测与模拟、控制方案的决策、控制方案的实施。目前国内外对煤矿通风控制的众多研究，也都是围绕着这三个问题展开的。

很久以前国外就已经实现了对井下风量、粉尘、有害气体、温度、湿度的自动检测，并且已经形成了一个计算机管理系统，在矿井通风自动化方面已经取得了非常好的成绩[44]。比如瑞典的波利登矿产公司，已经在莱斯瓦尔铅锌矿中安装了一套通过计算机辅助控制使得全矿通风的控制系统，通过地面上计算机的专用矿井通风软件可以对整个矿井的风机状况进行控制和监控，并且让它能够满足每天的通风要求，减少电力消耗，使得在一年内就能收回成本[45]。与此形成鲜明对比的是，我国在煤矿生产中，企业的矿井通风系统的自动化程度较低。在 20 世纪 80 年代锡矿山南矿建成了一套集远程控制、自动检测、风量调节于一体的监测系统，并通过计算机进行控制实现了节约用电，使投入的资金得以全部回收。目前，国内大部分煤井仍然以人工方式进行通风控制，有的矿井还装有远程控制风门开关的遥控器。该系统采用人工远程控制的方式，主要是为了在灾害发生时，快速地进行局部的逆风控制。目前煤井生产中所用的自动风门，主要是针对车辆和人的需要，并没有考虑到通风的需要，风机和风窗的调整也以手动为主。瓦斯、风、电闭锁与监测系统遥控则是局部反馈控制，都是通过检测瓦斯浓度等环境变量，当测量值超出设定值时，某些设备的电源就会自动断开，而不是将风量的大小进行控制改变[46]。

实现矿井通风自动化是当前科技进步的方向。但是，煤井通风自动化的成本较高，且存在着诸多的技术难题，使得矿井通风自动化的实现难度较大。一方面，实现全自动控制，应该具备三个条件：完善的风流状态监测系统、完善的通风控制方案决策软件和计算机系统可自动控制的调节设施及控制执行系统。矿山环境的复杂性、工作场所的分散性和情况变化的频繁性，使得通风系统处于动态，相应的控制系统也必须进行相应的调整[47]。对于如此复杂的系统来说，设备的安装、维护、管理都是一项耗费大量人力和物力的工作，同时也很难保证其可靠性。另一方面，对于矿井常规通风，只需通过人工搭建简易的通风结构即可满足工作地点的风量需求，因而在大部分矿井中，建立自动化的通风控制系统，并不是很迫切；对于灾变矿井通风，因为灾害的产生往往是多种随机因素造成的，即便建立了自动化的通风控制系统，也难以确保不出现事故，并且灾变对通风控制系统的破坏程度也会很大，如果灾变发生，则无法实现对风流状态的有效控制。由此可见，在可以预见的一段时间里，矿井通风全自动化控制系统还处在试验和研究的阶段。当前，在我国，当新鲜风流在主扇的影响下无法到达工作场所，或者在通风网络中出现漏风、短路、风流循环等问题时，都是利用人工手段对风流的大小、方向进行调整。对气流进行控制的方法有[48-54]：

1）阻断风流

在矿井中，采用了风门和风墙等措施来阻断风流。通常，风墙被设置在没有行人和车辆通过的巷道内以阻断风流流动，而风门被认为是永久的通风构筑物，被设置在不仅需要阻断风流流动，而且又要满足行人或车辆通行的巷道内。在回风道上，行人不通过或者通过的车辆较少的地方，可以安装普通的风门来阻断风流流动，而在主要运输巷道上车辆的通过比较频繁，就可以安装自动风门来阻断风流流动。但是这种风门极易破损，必须频繁更换维护，如果通风管理不到位，往往会造成风门常开或失效，在矿井下很难对风流进行控制。

2）调节风流

① 并联网络的风流调节

并联网络的风流调节可采用增阻、降阻和增压等方式，其调控方式主要有风窗、辅扇和注射器等。

增阻调节法：增阻调节就是根据并联风路上较大阻力通道的阻值，对每一条较小阻力通道上都施加一定的局部阻力，从而实现两条并联风路之间的阻力均衡，确保每一条风路上的风量都能满足需求，一般通过风窗进行阻力调优。

降阻调节法：降阻调节法是根据低阻气流通道的阻值，将高阻气流通道的阻值减小，从而达到并联网络中各个通道的阻值均衡。风路中的风阻包括摩擦风阻和局部风阻。当局部风阻较大时应首先考虑降低局部风阻。摩擦风阻与摩擦阻力系数成正比，与风路断面积的三次方成反比。因此降低摩擦风阻的主要方法是改变支护类型即改变摩擦阻力系数或扩大巷道的断面积。此方法能使矿井总风阻减少，但工程费较高。为此，在老矿山中可采用对废旧巷道形成并联或角联的通风网络的方式来减少风阻。

辅扇调节法：当并联网络中，两条并联风路之间的阻力差异较大，通过增阻、降阻等方式进行调整都不合理、不经济的情况下，可以通过在风量不足的风路中安设辅扇，增强其对风路阻力的抵抗能力，来实现对风量的调整。用辅扇进行调控时，要把辅扇安装在有较大阻力的风路上，且辅扇所造成的有效压力应等于两并联风路的阻力差值。辅扇的风量应等于该风路需通过的风量。

在生产实践中，对辅助风扇的调整可分为两种：一种是带风墙的辅助风扇，另一种是无风墙的辅助风扇。有风墙辅扇是指在安设辅扇的巷道剖面上，除了辅扇以外，其他剖面都用风墙封闭，巷道中的气流都经过辅扇，并依靠辅扇的全压力来工作。如果要在运输巷道里安设辅扇，则辅扇要安装在绕道中，在绕道并联的巷道中，应安装两个以上的自动风门,且它们之间的间隔应比一辆列车的车长要大。

有风墙的辅扇进行风量调节时,辅扇的能力一定要合适,才能获得理想的结果,不然就会产生如下不合理的运行情况:如果辅扇能力不够,就无法调整到所需的风量值;如果辅扇能力太大,就会导致与其并联风路的风量大幅度下降,甚至没有风,或者是形成了一个大的风流循环;如果设置辅扇的风墙不够紧密,在辅扇附近形成了一个局部的气流循环,那么辅扇的通风效果就会下降。在选用辅扇时,辅扇的工作风压应与并联风路按需风量计算所得到的阻力之差相等。

无风墙辅扇在风路内运行时,除了从辅扇出口向整个风路扩展的能量损耗,以及气流绕开扇风机时产生的能量损耗,其余的能量都被用来抵抗风路的阻力,在使用无风墙辅扇的时候,需要注意以下三个问题:第一,无风墙辅扇的有效风压与辅扇出口的动压是成比例的,所以,如果在扇风机出口安装合适的引射器,可以提高出口的动压,这样就可以改善通风效果;第二,由于辅扇的风压与辅扇巷道断面积成正比,所以辅扇应该设置在巷道平坦、断面较少的位置,并且尽量设置在巷道断面中央,使扇风机射出的风流沿巷道中心线方向流动,这样才能最大限度地降低能耗,提高通风效率;第三,由于无风墙的辅扇仅依靠出口处的动压来做功,且能耗大,风机能量的有效利用率不高。无风墙辅扇在风阻极高的巷道内运行时,扇风机周围会有循环风流现象出现,因此,适合在并联风路之间阻力差异较小的网络中运行。

② 复杂网络的风量调节

井下巷道繁多、结构复杂,往往某一并联网络的风量经过调节能达到要求,但网络中其他一些风路的风量不一定能满足需要。因此,在一个复杂的通风网络中,要想满足每一条风道的需要,就必须对其进行全方位的调整。在复杂通风网络中,风量的调整和计算要遵循节点的风量平衡定律和网孔的风压平衡定律。由于各风路的风阻在一定时间内不变化可视为已知,井下各用风地点的需风量是已知量,其他风路的风量可根据风量平衡定律求出,故各风路的阻力已知。但各网孔的风压不一定满足风压平衡定律的要求。风量调节计算的原则就是以满足风压平衡定律为依据,计算所需调节的风压或风阻值。在一个复杂的通风网络中,从入风口到排风口的众多风路中,按需风量和原有风阻推算的阻力值结果中,总存在一条风路的阻力最大,即最大阻力路线。在使用风窗调节法的时候,只要在这条路线的各个巷道上不再增加风阻,只在其他风路上增加风阻,使网孔的风压平衡,即可达到优化调节的目的,符合该种调节方法的功耗最小。同一通风网络,有多个调节方案,只要在最大阻力路线上不加风阻,这些方案在功耗上即是等价的。同样是优化调节方案,但辅扇调节法的总功耗比风窗调节法的总功耗更低。

③ 矿井总风量的调节

在矿井开采过程中,由于矿井产量和开采条件的变化,常常需要按要求对矿井总风量进行调节。对总风量进行调整的方法，就是通过改变风机工作特性或改变矿井网络的风阻特性来调整主扇风机的工况点。

改变风机工作特性的方法：

① 改变风机转数。当矿井风阻不变时，风机产生的风量、风压及功率分别与风机转数的一次、二次和三次方成正比。

② 改变风机叶片安装角。风机叶片的安装角愈大，风量和风压愈大，反之则愈小。这种调整方式比较简便，而且效果很好，所以得到了普遍的应用。

③ 改变风机的叶轮数和叶片数。

④ 改变风机的前导器的叶片角度。改变前导器的叶片角度可以改变动轮入口的风流速度，从而改变风机产生的压力。但风流通过前导器时有风压损失，这会使风机效率降低。为了避免效率降低太多，用前导器调节范围不宜过大，只能作辅助调节之用。

改变矿井网络的风阻特性：

在矿井中，采用不同的巷道断面、不同的支护型式和不断调整闸门等方法，可以达到降阻或增阻的目的[55]。当风机的供风量大于实际需风量时，可增加矿井总风阻，使风量减少。当风机的供风量小于实际需风量时，应减小矿井风阻，提高总风量。矿井降阻的主要对象是总进风道和总回风道。采用扩大巷道断面、改换支护型式、增设并联风道等方法进行降阻调整。实践表明，在一些高风速区域，减少部分阻力物体的风阻，如风桥、风硐或其他阻塞风道，对于增加矿井总风量有很大的帮助。

1.1.4　空气幕

从20世纪90年代到现在，大门空气幕在生产实践中得到了广泛的应用，比如使用空气幕代替塑料条带密封冷藏车大门，以减少卸货时的能量损失[56]；利用空气幕来冷却砂轮，以降低砂轮的磨损程度[56]；使用空气幕来协助喷洒农药，以改善农药喷洒质量等[57]。英国还研制具有两套加热系统和两级加速设施的空气幕，使空气幕的容量得到了更大的提高。

与国外相比，我国对空气幕技术的研究与应用较晚。从20世纪60年代起，国外的空气幕技术相继被介绍到中国。中国学者对大门空气幕的设计计算通常借鉴国外的研究思路[58]，主要有三类方法：第一类是以巴图林法为代表的以自然通风为理论的算法。第二类主要是基于谢别列夫法和新津、加藤法理论的计算方法。前者将室外横向气流看作均匀流，将空气幕送风气流看作平面不可压缩势流，并应用势流叠加原理对其进行设计和计算；后者将户外横向气流与空气幕射流视为两种没有漩涡运动的理想流体，两者之间不相互影响。第三类是以林太郎法、Hayes法为代表的基于实验数据的数值模拟方法。林太郎提出了用大的空气幕动量来阻挡外部横向气流的进入，并提出了空气幕送风口的宽度应该是大门高的二分之一。Hayes法综合考虑了空气幕中的各种影响因素，包括室外横向气流的作用和热压的影响。

何嘉鹏等人在原南京建筑工程学院，以综合谢别列夫法和 Hayes 法为基础，研究分析了冷库大门的流场，并建立了冷库大门空气幕结构的设计计算模型[59-64]。

汤晓丽、史钟璋等人对在横向气流作用下民用建筑出入口大门空气幕的封闭性能进行了试验研究[65-67]。他们从空气幕射流微元体在横向气流作用下的受力分析出发，构建了空气幕风流阻隔室外横向风流的数学模型，并推导出了空气幕射流的轴心弯曲轨迹方程式。

1.1.5 矿井通风系统优化指标体系

过去，对矿井通风效果的好坏，一般采用“矿井等积孔”和“有效风量”等单项指标来评价。1983 年，中国矿业大学黄元平[68]教授从安全可靠和经济合理角度，对其进行了详细分析，并提出了通风网络的形式对风流稳定性的影响、通风机运转对风流稳定性的影响、矿井抗灾能力、通风电费、矿井总风压、矿井等积孔和总风量等七项具体指标。

太原理工大学的张兆瑞等[69]分别从安全性、有效性、稳定性和经济性 4 个角度，引入了风流的质量和数量、通风构筑物的数量和质量、通风装置的合理性、安全装备的配备与可靠程度、风量的有效利用系数、通风系统调控的难易程度、通风设备的电能消耗、矿井等积孔以及矿井通风阻力等 9 项参数指标。

2001 年，焦作工学院的井国勋针对矿井通风系统评判中存在的缺陷，运用灰色系统理论，提出了进行合理评判的指标——“矿井等积孔、风流质量合格率、用风点风量合格率、矿井有效风量率、主扇风机工作效率、有效通风能耗、风机装置合格率、用风点允许串联合格率、通风构筑物合格率、吨煤耗电量”等 10 项指标，建立了评价模型，并通过实例进行了灰色关联的分析与评判，较客观地评价了矿井通风系统的合理性。

2002 年，中国矿业大学的周福宝、王德明等[70]发表论文，其利用“矿井总风压、矿井总风量、矿井等积孔、矿井风量供需比、通风方式、主通风机效率、主通风机耗电量、主通风机年电费、通风井巷工程费、热环境指数、主通风机运转稳定性、矿井抗灾能力”等 12 项指标来对矿井通风系统的优劣进行评判。

山东科技大学的谭允祯教授[71]从技术先进性、经济合理性和安全可靠性三方面综合考虑，从众多指标中选取了 20 项能够较准确地反映通风方案特性的评判指标，并通过“专家评审法”最后筛选确定了 12 项指标。这 12 项指标包括：矿井风压、矿井风量、矿井等积孔、矿井风量供需比、通风方式、通风机功率、通风机效率、吨煤通风机电费、通风井巷工程费、通风机运转稳定性、采掘面风流稳定性、矿井抗灾能力。

此外，华中科技大学的高新春运用模糊数学原理，构建了一套矿井通风状况评价指标体系，并给出了评价指标隶属度，并把该种模糊综合评价方法运用到实际工作中，获得了良好的结果。北京科技大学的谢贤平等[82]根据非煤矿山通风系统使用多风机、多级机站通风方法的特征，对多个设计方案进行优选时所采用的评价指标体系进行了研究，经实践证明，其结果是令人满意的。

1.1.6 矿井通风系统方案优化方法

中南大学王从陆和吴超在《耗散结构理论在矿井通风系统优化中的应用》一文中，将矿井通风系统受到自然风压或者主通风机运转、风机消耗大量的能量、新鲜空气通过通风系统的进风段，到达用风工作面污浊的空气经回风段排出系统，保持一个“输入-输出”的过程看作一个能量耗散的过程。

山东科技大学的谭允祯等人[71-75]认为，由于矿井通风系统各指标之间存在着不可公度性和矛盾性，无法将多个指标统一为一个指标，也无法使用单指标决策方法对其进行优选，而只能使用多目标属性决策方法。所谓指标间的不可公度性指的是每一项指标都没有一个统一的衡量标准，因此很难对它们进行对比，通常情况下，只能以多个目标所产生的综合效用为基础去衡量；指标间的矛盾性指的是当使用一种方法去改进某一个指标时，可能会使另外的指标变坏。在此基础上，谭教授提出了两个方案优选的方法——最高积分法和加权相对偏离最小法。

福州大学的沈斐敏教授、昆明理工大学的谢贤平、山东科技大学的辛嵩教授等[77-79]为更好地运用灰色关联度决策法进行矿井通风系统方案优选提供了有力支持。分析结果表明，矿井通风系统是一个多因素、动态变化的大规模复杂系统，各因素对其的影响程度，有些已知，有些尚不明确，这是一个典型的灰色系统。

层次分析法是用于解决多层次多准则决策问题的一种适用方法，能够很好地解决多准则决策问题。而矿井通风系统方案优化问题正是一个多准则多层次决策问题，因而人们尝试将其应用于矿井通风系统方案优化问题中。如贵州工业大学的郁钟铭、伍宇光[80]的研究。

谢贤平和冯长根等人在《矿井通风系统模糊优化研究》一文中，在对前人的模糊优化方法研究基础上，提出了一种多目标、多层次的模糊综合评判法，并认为该方法是当前矿井通风系统中的一种较为可行的优化方法。

谢贤平等[82]在《矿井通风系统评价的人工神经网络模型》一文中，提出了在矿井通风系统评价中，由于有限的时空检测数据所能提供的信息是不完备的和非确知的，利用人工神经网络中的网络模型来对矿井通风系统进行评判。

综上所述，国内学者已经对矿井通风系统的优化方法进行了大量的研究，提出了各种不同的方案优选评价方法，同时还引入了国外的研究方法，总结起来主要有以下四种类别：

① 单因素指标决策法，即直接利用生产矿井通风系统的单项因素指标来评价矿井通风系统方案的好坏。

② 多目标列举法，即把反映系统的若干因素一一列举出来，来表明矿井通风系统方案的优劣。

③ 综合评判法，它对多种指标进行了综合考量，包括每一指标对方案的影响及各因素之间的影响，进而赋予相应的权值，从整体上对矿井通风系统方案的优劣进行综合评判。这些方法主要有：耗散结构理论法、多目标属性决策法、模糊优化法、灰色关联决策法、层次分析法、最高积分法、加权相对距离值最小法、遗传算法等。

④ 人工神经网络法，它是基于对大脑的生理的研究成果，旨在模拟大脑的某些作用机理，使某个方面的功能得以实现，是一种比较科学、先进的方案优选方法。

在软件设计开发方面始于 20 世纪 80 年代中期的通风专家系统，近几十年来不断完善，是目前国内较为先进的采矿类应用软件，适用于各类矿山矿井通风系统优化设计或相关系统设计。目前，国内外已有多个大中型矿山采用该系统，大多数矿山在投入生产后，都获得了良好的通风效果和良好的经济效益。

1.2 发展趋势

随着矿产资源的持续开发，我国已有的浅层矿床和采掘工艺较为简单的矿床储量也在逐渐减少，这将促使大部分矿山向深部、复杂方向采掘。目前，许多硬岩矿床已进入或接近深部开采的范围。据统计，目前我国约有三分之一的矿山资源即将进入深部开采阶段。矿井通风与降温问题是深部矿床开采的技术难点之一。在深部矿床开采技术领域内，国内的研究工作起步较晚，没有成熟的技术和经验可借鉴。由于深部通风加大通风量的方法受到限制，提高通风效率和采取有效的防尘技术等也成为重要的改善井下环境的途径。

在热害不十分严重的情况下，通过加大通风量、优化通风系统、利用调热风道等措施一般均能改善井下热环境。由于深井开采中开凿井筒成本太高，矿山通风系统的回风井个数不会太多。风井数量少，断面小，必然会导致各进回风井井筒的风速超标。如果要在矿井中考虑通过增加风量即通风来解决散热通风问题，则必然会加剧这个矛盾。为了解决这个矛盾，在深矿井中应用循环通风是必然的选择。循环通风系统的核心技术是空气的净化与循环风量的控制。

1.3 本书的主要内容和结构安排

本书对矿井通风相关理论进行了简要的介绍，以某金属矿山为例，通过对矿山的地质构造、采掘工艺(包括开拓方式、巷道布置、开采方式、开采顺序、通风方式、通风系统、通风强度等),以及主要采场和个别地点风流的流速、风的需求量、污风的处理、井下自然风压、通风阻力以及各联络巷之间的连接度和一些巷道的密闭程度等情况进行调查研究,为相关研究提供基础数据。主要研究内容如下:

(1) 自然风压作用规律研究

自然风压通风作为一种辅助手段,为了确保煤矿的安全,降低煤矿的生产成本,需要使该动态系统在一个合理的状态下工作。在通风过程中,应充分发挥天然风压的辅助作用,或尽可能减小天然风压对通风的阻隔效果。本书针对金属矿山的各中段在冬季、春季和夏季由于自然风压对矿井通风的进风风网不稳定分支风向、风量分配的影响展开了分析,使用矿井通风网络解算软件,将矿井通风的具体情况分成两种,即无风机自然风压单一作用和主要通风机与自然风压共同作用,并在此情况下对冬季、夏季、春季开展了模拟解算研究。在充分考虑自然风压的作用下,研究了对金属矿山的通风系统的优化与改造。

(2) 矿井风流控制技术研究

矿井通风系统中经常出现新鲜风流短路或漏风、无风盲区、风流倒流、污风循环等难点问题,尤其在大型运输巷道中,这些难点往往表现为工作面风量不足,污风无法及时排除,严重影响了矿井通风系统的有效风量率和风流分布,直接威胁着矿井的安全生产。基于金属矿山的实际情况,研究能在主要运输巷道或易变形巷道内实现风流调节控制的技术。

(3) 多风机联合运转相互干扰的分析

随着煤矿开采深度的不断增加,空气的需求量不断增大,采用多台进风机进行进风同时采用多台排风机进行排风的情况也越来越多。在矿井中,如果单台风机无法满足要求,必须要有多台风机一起工作,才能达到矿井通风系统增风的目的。目前,国内大部分的大型矿井都使用多风井并联联合通风的方式。根据金属矿山的具体条件,对通风机在联合运转过程中相互干扰的问题进行了详细的分析,并提出了相应的防治措施。

(4) 建立通风系统优化管理体系

金属矿矿井通风系统的优化设计,指的是从对金属矿矿井进行系统分析,到提出最佳的矿井通风方案所展开的一系列工作。其工作步骤为:矿井通风系统分析,对改扩建的矿井通风系统应调查并测定系统的现状,制定出系统的优化改造或建设方案,并计算出每一种拟定方案的风量,优化每一种拟定方案的网络调整,从而选出最优的矿井通风系统方案,并对其技术经济效果进行评价等。由于不同的方案各有优缺点,如何准确地选定最优方案,这就需要引入能够反映矿井通风方案优劣的参数指标,建立一个科学、合理、可靠评判指标体系来客观描述各通风系统的优劣程度。在对矿井通风系统的特性及通风系统指标的物理意义进行分析的基础上,以某金属矿山的实际情况为依据,遵循评定指标体系的原则，构建一种全面、科学、符合实际的通风系统优化指标体系，再运用矿井通风方案优选模型，对通风系统改造方案进行优选，并最终给出适合该矿生产实际的最优方案。

本书共分8章进行论述，各章节安排如下：

第1章，概论，主要是对本书的研究背景和国内外的研究状况进行了介绍，并对本书的主要内容进行了概括。

第2～4章，介绍矿井通风参数计算方法，在此基础上，探讨了金属矿井在自然风压作用下的通风效果。

第5～7章，分析金属矿矿井多风机联合运转相互干扰规律和自然风压作用规律，以及研究有害风流控制技术。

第8章，通过对金属矿矿井通风系统优化技术进行研究，建立完善的通风系统优化设计评价指标体系。

第2章　矿井气候及通风参数计算

2.1　矿井空气成分

空气的成分以氮气、氧气为主，但其组成并不固定。在矿业领域，地面空气通常是指由空气和水蒸气组成的混合气体，也称为湿空气。完全不含有水蒸气的空气称为干空气。干空气的恒定组成部分为氧、氮和氩、氖等稀有气体，它们在空气中的含量会随地球上的位置和温度不同而在很小的范围内微有变动。至于空气中的不定组成部分，则随不同地区变化而有不同。此外，空气中还有微量的氢、臭氧、二氧化氮、甲烷及或多或少的尘埃；矿山爆破机械、柴油机车等大型设备运输产生的废气也影响了井下空气中的成分。干空气成分的数量用体积分数或质量分数来表示，前者为某种气体的体积在干空气的总体积中所占的百分比，后者为某种气体的质量在干空气的总质量中所占的百分比。其主要组成见表2.1。湿空气中含有水蒸气，水蒸气含量的变化会引起湿空气的物理性质和状态变化。

表2.1　干空气主要成分

气体成分	体积分数/%	质量分数/%	备注
氧气(O_2)	20.96	23.32	氦、氖、氩、氪、氙等惰性稀有气体计在氮气中
氮气(N_2)	79.00	76.71	
二氧化碳(CO_2)	0.04	0.06	

在湿空气中，水蒸气的浓度随地区和季节的变化而变化，其平均体积分数约为1%，此外还含有尘埃和烟雾等杂质，有时能污染局部地区的地面空气。

地面空气进入矿井以后即称为矿井空气，即来自地面的新鲜空气和井下产生的有害气体、浮尘的混合体。地面空气进入井下后，因井下物质的混入和各种化学因素对气体成分的消耗和生成等变化，其成分种类增多，各种成分的浓度有所改变，但主要成分仍同地面一样，为氧气、氮气和二氧化碳等。

(1) 氧气(O_2)

氧气是一种无色、无味、无臭的气体，在标准状况下，其相对密度为1.429。氧气的密度比空气略大(空气的密度是1.293 g/L)。氧气微溶于水，1 L水只能溶解约30 mL氧气。氧气的化学性质比较活泼，它能与许多物质发生化学反应，同时放出热量。氧气能助燃，能供人和动物呼吸。

人的生命是靠吃进食物和吸入空气中的氧气来维持的。因此，空气中氧气的含量对人体健康影响甚大。当氧气含量减少时，人们会产生各种不舒适生理反应，严重缺氧会导致死亡(人体缺氧症状与空气中氧气浓度的关系见表2.2)。人体维持正常生命过程所需的氧气量，取决于人的体质、精神状态和劳动强度等。一般情况下，人在休息时的需氧量为0.2～0.4 L/min，人在工作时的需氧量为1～3 L/min。

空气中的氧气浓度直接影响着人体健康和生命安全，当氧气浓度降低时，人体就会产生不良反应，严重者会缺氧窒息甚至死亡。

表2.2　人体缺氧症状与空气中氧气浓度的关系

氧气浓度(体积)/%	人体主要症状
17	休息时无影响，工作时会感到喘息困难和强烈心跳
15	呼吸及心跳急促，无力进行劳动
10～12	很快进入昏迷状态，若不急救会有生命危险
6～9	人很快就会失去知觉

地面空气进入井下后，氧气含量减少的主要原因是：人员呼吸、煤(岩)和有机物质的氧化、井下爆破、发生矿内火灾等。在井下通风不良或无风的井巷中，或在发生火灾后的区域，空气中的氧含量可能降得很低，在进入这些地点之前必须进行严格检查，确认无危险后方可进入。

(2) 氮气(N_2)

氮气是一种无色、无味、无臭的气体，相对密度为0.967，微溶于水。在通常情况下，1体积水只能溶解大约0.02体积的氮气。氮气不助燃也不能供人呼吸。氮气在正常情况下对人体无害，但空气中含量过高时，会使人因相对缺氧而窒息。在井下废弃旧巷或封闭的采空区中，有可能积存氮气。

(3) 二氧化碳(CO_2)

二氧化碳是一种无色、略带酸臭味的气体，相对密度为1.519，常积聚在通风不良的巷道底部，不助燃也不能供人呼吸，它易溶于水生成碳酸，对人的眼、鼻、喉的黏膜有刺激作用，并且能刺激中枢神经，使呼吸加快。当肺气泡中二氧化碳增加1%时，人的呼吸量将增加1倍。基于这个原理，在急救时可让中毒人员先吸入含5%二氧化碳的氧气，使呼吸频率增加，恢复呼吸功能。新鲜空气中含量约为0.03%的二氧化碳对人是无害的，当空气中的二氧化碳浓度过高时将使空气中的氧气含量相对降低，轻则使人呼吸加快，呼吸量增加，严重时能使人窒息。空气中不同二氧化碳浓度对人体的影响见表2.3。

表 2.3　空气中二氧化碳浓度对人体的影响

二氧化碳浓度(体积)/%	人体主要症状
1	呼吸急促
3	呼吸频率增加,呼吸量增加两倍,疲劳加快
5	耳鸣,呼吸困难,血液循环加快
6	严重喘息,极度虚弱无力
10～20	呈昏迷状态,失去知觉,停止呼吸
20～25	窒息或死亡

(4) 一氧化碳

一氧化碳是一种无色、无味、无臭的气体,相对密度为 0.97,微溶于水,能与空气均匀地混合。一氧化碳能燃烧,其在空气中的含量在 13%～75%之间时,会发生爆炸。

主要危害:一氧化碳一进入身体,就会与血液中的血红素结合,使得血红素丧失了输送氧气的作用,进而导致身体内的血液“窒息”。人体吸入一氧化碳后的中毒程度与空气中一氧化碳浓度和时间的关系见表 2.4。

表 2.4　人体中毒症状与一氧化碳浓度的关系

一氧化碳浓度(体积)/%	主要症状	一氧化碳浓度(体积)/%	主要症状
0.02	2～3 h 内可能引起轻微头痛	0.32	5～10 min 内出现头痛、眩晕,30 min 内可能出现昏迷并有死亡危险
0.08	40 min 内出现头痛、眩晕和恶心,2 h 内发生体温和血压下降,脉搏微弱,出冷汗,可能出现昏迷	1.28	几分钟内出现昏迷或死亡

(5) 二氧化氮

二氧化氮是一种具有强烈刺激性气味的褐红色气体,其相对密度为 1.59,易溶于水。主要危害:二氧化氮在水中溶解后,会形成具有极强腐蚀性的硝酸,对人的眼睛、呼吸道黏膜、肺脏等都有很强的刺激性和腐蚀性。人体中毒症状与二氧化氮浓度的关系见表 2.5。

表 2.5　人体中毒症状与二氧化氮浓度的关系

二氧化氮浓度(体积)/%	主要症状	二氧化氮浓度(体积)/%	主要症状
0.004	2～4 h 内出现咳嗽症状	0.01	短时间内出现严重中毒症状,神经麻痹,严重咳嗽,恶心,呕吐
0.006	短时间内感到喉咙刺激,咳嗽,胸疼	0.025	短时间内可能出现死亡

2.2 矿井气候条件

2.2.1 矿井空气的温度

空气的温度是影响矿井气候的重要因素。最适宜的矿井空气温度为15～20℃。矿井空气的温度受地面气温、井下围岩温度、机电设备散热、有机物的氧化、人体散热、水分蒸发、空气的压缩或膨胀、通风强度等多种因素的影响,有的起升温作用,有的起降温作用。在不同矿井、不同的通风地点,影响因素和影响大小也不尽相同。但总的来看,升温作用大于降温作用。因此,随着井下通风路线的延长,空气温度逐渐升高。

在进风路线上,矿井空气的温度主要受地面气温和井下围岩温度的影响。冬季,地面气温低于井下围岩温度,围岩放热使空气升温;夏季则相反,围岩吸热使空气降温,因此有冬暖夏凉之感。当然,矿井深浅不同,其影响大小也不相同。

矿井空气温度可以使用普通温度计或湿度计中的干温度计来测定,然后换算成绝对温度,记入实验报告中。测温仪器可使用最小分度值为0.5℃并经校正的温度计。测温一般在8:00—16:00进行。测定气温时应将温度计放置在一定地点10 min后读数,读数时应先读小数再读整数。温度测点不应靠近人体,与发热或制冷设备至少相距0.5 m。

2.2.2 矿井空气的湿度

空气的湿度是指空气中所含的水蒸气量。它有两种表示方法:

(1) 绝对湿度

绝对湿度是指单位体积湿空气中所含水蒸气的质量,用f表示。空气在某一温度下所能容纳的最大水蒸气量称为饱和水蒸气量,用F表示。温度越高空气中的饱和水蒸气量越大。

(2) 相对湿度

相对湿度是指空气中水蒸气的实际含量(f)与同温度下饱和水蒸气量($F_{饱}$)比值的百分数,可表示为

$$\varphi=\frac{f}{F_{饱}}\times 100\% \tag{2.1}$$

式中 φ——相对湿度;

f——空气中水蒸气的实际含量(即绝对湿度),g/m^3;

$F_{饱}$——在同一温度下空气的饱和水蒸气量,g/m^3。

通常所说的湿度指的都是相对湿度，它反映的是空气中所含水蒸气量接近饱和的程度。一般认为相对湿度在50%～60%对人体最为适宜。一般情况下，在矿井进风路线上，空气的湿度随季节变化而不同。冬季，寒流进入井下后气温会上升，空气中饱和水蒸气体积增加，沿路吸附了大量的水汽，所以井巷看起来比较干燥；夏季，热空气入井后井内温度下降，饱和水蒸气量逐渐下降，空气中的部分水分冷凝为水滴，导致井巷湿润，因此给人一种“冬干夏湿”的感觉。在采掘工作面和回风系统，因空气温度较高且常年变化不大，空气湿度也基本稳定在90%以上，甚至接近100%。

除了温度的影响以外，矿井空气的湿度还与地面空气的湿度、井下涌水量大小及井下生产用水状况等因素有关。

2.3　矿井气候条件指标测定

人体内食物的氧化和分解会产生大量的热量，其中约有1/3消耗于人体组织内的生理化学过程，并维持一定体温，其余2/3要散发到体外。人体散热靠对流、辐射和蒸发3种方式。这3种方式的散热效果，则取决于气候条件。因此空气的温度、湿度和风速是影响人体散热的3个要素，在3要素的某些组合下，人体感到舒适；在另外一些组合下，则感到不适。影响人体热平衡的环境条件很复杂，各个国家对矿井气候条件采用的评价指标也不尽相同。因此，目前尚无一项指标能完全准确地反映出环境条件对人体热平衡的综合影响。现仅介绍两种较为常用指标。其中，干球温度是我国现行的最简单的评价矿井气候条件指标之一，但它只反映了温度对矿井气候条件的影响，不太全面，其他评价指标也都有一定的局限性。

（1）干球温度

干球温度是我国现行的评价矿井气候条件的常用指标之一。干球温度是温度计在普通空气中所测出的温度，即一般天气预报里常说的气温。

其特点是：从某种意义上说，它是矿井气候条件好坏的一种直接反映，指标较为简单还使用方便。但该指标并未体现出气候因素对人体热平衡的影响。

（2）湿球温度

湿球温度是在相同的焓值空气条件下，当水蒸气在空气中达到饱和时的温度。将一般温度计的感温部位用湿纱布包裹，把纱布下端浸泡在水里，以使感温部位的空气湿度达到饱和，并在纱布的周围要保证一定的空气流通，使周围的空气更容易接近达到等焓。当这个数值趋于稳定时，这时温度计所显示的数值就是大致的湿球温度。

其特征在于，湿球温度这一指标能反映出气温与相对湿度对人体热平衡的影响，较干球温度更为合理。但是，该指标并未反映出风速对人体热平衡的影响。

2.4 矿井空气风速概述及测量

2.4.1 风速及风表概述

风速是指风流的流动速度。风速的大小对人体散热有直接影响。风速过低时，人体多余热量不易散发，人会感到闷热不舒服，有害气体和矿尘也不能及时排散；风速过高，人体散热太快，失热过多，易引起感冒，并且造成井下落尘飞扬，对安全生产和人体健康也不利。当空气温度、湿度一定时，增加风速可提高人体散热效果。在井巷中，限制风速的因素有很多，除考虑气候条件影响外，还要符合矿尘悬浮、防止瓦斯积聚及通风阻力等对风速的要求。

测量井巷风速的仪表称为风表，又称风速计。目前，常用的风表按结构和原理不同，可分为机械式风表、热效表、电子叶轮式风表和超声波风速计等。

(1) 机械式风表

机械式风表是目前煤矿使用最广泛的风表。它全部采用机械结构，多用于测量平均风速，也可用于定点风速的测定。按其感受风力部件的形状不同，又分为叶轮式和杯式两种。机械叶轮式风表由叶轮、传动蜗轮、蜗杆、计数器、回零压杆、离合闸板、护壳等构成。

风表按风速的测量范围不同，可分为高速风表(0.8～25 m/s)、中速风表(0.5～10 m/s)和微(低)速风表(0.3～5 m/s)3 种。3 种风表的结构大致相同，只是叶片的厚度不同，启动风速有差异。

由于风表结构和使用中机件磨损、腐蚀等影响，通常风表的计数器所指示的风速并不是实际风速，表速(指示风速)与实际风速(真风速)的关系可用风表校正曲线来表示。风表出厂时都附有相应的校正曲线，风表使用一段时间后，还必须按规定重新进行检修和校正，得出新的风表校正曲线

$$v_{真} = a + b v_{表} \tag{2.2}$$

式中 $v_{真}$——真风速，m/s；

a——风表启动初速的常数，取决于风表转动部件的惯性和摩擦力；

b——校正常数，取决于风表的构造尺度；

$v_{表}$——风表的指示风速，m/s。

目前，我国生产和使用的机械叶轮式风表主要有 DFA-2 型(中速)、DFA-3 型(微速)、DFA-4 型(高速)、AFC-121(中高速)、EM9(中速)等。机械叶轮式风表的优点是体

积小，质量轻，重复性好，使用及携带方便，测定结果不受气体环境影响；其缺点是精度低，读数不直观，不能满足自动化遥测的需要。

(2) 热效表

我国目前生产的主要是热球式风速计。它的测风原理是：一个被加热的物体置于风流中，其温度随风速大小和散热多少而变化，通过测量物体在风流中的温度便可测量风速。由于只能测瞬时风速，且测风环境中的灰尘及空气湿度等对它也有一定的影响，故这种风表使用不太广泛，多用于微风测量。

(3) 电子叶轮式风表

电子叶轮式风表主要由机械结构的叶轮和数据处理显示器组成。它的测定原理是：叶轮在风流的作用下旋转，转速与风速成正比，利用叶轮上安装的一些附件，根据光电、电感等原理把叶轮的转速转变成电量，利用电子线路实现风速的自动记录和数字显示。它的优点是读数和携带方便，易于实现遥测。

(4) 超声波风速计

超声波风速计是利用超声波技术，通过测量气流的卡门涡街频率来测定风速的仪器，目前主要用作集中监控系统中的风速传感器。它的优点是结构简单，寿命长，性能稳定，不受风流的影响，精度高，风速测量范围大。

2.4.2 测风方法

由井巷断面上的风速分布可知，巷道断面上的各点风速是不同的，为了测得平均风速，可采用线路法或定点法。线路法是风表按一定的线路均匀移动，根据断面大小，一般分为四线法、六线法和迂回八线法。定点法是将巷道断面分为若干格，风表在每一个格内停留相等的时间进行测定，根据断面大小，常用的有 9 点法、12 点法等。

在测风时，按照测风人员的站立姿势，可以将测风方法分为迎面法和侧身法两种。

迎面法是指测风者面对风流，伸出双臂测量风力。因为测风断面在人体前面，而且人体挡住了风流，所以风表的读值会比较小，要把测量到的真风速乘 1.14 的校正系数，才可以获得真实的风速。

侧身法是测风员背对着巷道壁站立，手持风表将手臂向风流垂直方向伸直，然后在巷道断面内做均匀移动。因测风员站在测风断面上，其透风面积减小，使风速增加，实测值与真实值相差偏大，所以必须对实测值进行校正。校正系数 K 可计算为

$$K=\frac{S-0.4}{S} \tag{2.3}$$

式中　S ——测风站的新面积，m^2；

0.4——测风员阻挡风流的面积，m^2。

以机械式风表为例，其测风步骤如下：

a. 测风员进入测风站或待测巷道中，先对所测量的风速区间进行估算，再选择与之相对应的风表。

b. 取出风表和秒表，首先将风表指针和秒表回零，然后使风表叶轮平面迎向风流，并与风流方向垂直，待叶轮转动正常后（20～30 s）同时打开风表的计数器开关和秒表，在1 min内，风表要均匀地走完测量路线（或测量点），然后同时关闭秒表和风表的计数器开关，读取风表指针读数。为保证测定准确，一般在同一地点要测3次取平均值并计算表速为

$$v_{表}=\frac{n}{t} \tag{2.4}$$

式中　$v_{表}$——风表测得的风速，m/s；

n——风表刻度盘的读数，取3次读数的平均值，m；

t——测风时间，一般为60 s，巷道断面10 m^2以上可以用120 s。

c. 查风表校正曲线，求出真风速$v_{真}$。

d. 根据测风员的站立姿势，将真风速乘校正系数K得到实际平均风速$v_{均}$（m/s），即

$$v_{真}=v_{均} \tag{2.5}$$

e. 根据测得的平均风速和测风站的断面积，可计算巷道通过的风量为

$$Q=v_{均}S \tag{2.6}$$

式中　Q——测风巷道通过的风量，m^3/s；

S——测风站的断面积，m^2，按下列公式测算：

梯形巷道

$$S=HB=\frac{(a+b)H}{2} \tag{2.7}$$

三心拱巷道

$$S=B(H-0.07B)=B(C+0.26B) \tag{2.8}$$

半圆拱巷道

$$S=B(H-0.11B)=B(C+0.392B) \tag{2.9}$$

式中　H——巷道净高，m；

B——梯形巷道为半高处宽度，拱形巷道为净宽，m；

C ——拱形巷道墙高，m；

a ——梯形巷道上底净宽，m；

b ——梯形巷道下底净宽，m。

测风时应注意的问题：

a. 风表的测量范围要与所测风速相适应，避免风速过高或过低造成风表损坏或测量不准。

b. 风表不能距离人体和巷道壁太近，否则会引起较大误差。

c. 风表叶轮平面要与风流方向垂直，偏角不得超过 10°，在倾斜巷道中测风时尤其要注意。

d. 按线路法测风时，路线分布要合理，风表的移动速度要均匀，防止忽快忽慢，造成读数偏差。

e. 秒表和风表的开关要同步，确保在 1 min 内测完全线路(或测点)。

f. 有车辆或行人时，要等其通过后风流稳定时再测。

g. 同一断面测定 3 次，3 次测得的计数器读数之差不应超过 5%，然后取其平均值。

当风速很小(低于 0.1～0.2 m/s)时很难吹动机械式风表的叶轮，即便能使叶轮转动也难测得准确结果，此时可采用烟雾、气味或者粉末作为风流的传递物进行风速测定。

2.5　矿井合理供风量的确定

2.5.1　矿井合理供风原则

矿井通风系统是由相互关联、相互制约的众多因素构成的动态复杂系统，存在内外漏风、分风不均衡、服务对象变化等多种不可准确估计的因素，为了应对这些问题，使大部分工作面实得风量都达到设计要求，通风单元和整个系统的供风量应在需风量基础上留有一定的富余量。

矿井供风量是关系通风效果、建设投资和运行成本的一个重要指标。一般来说，供风量的大小，决定了通风井巷断面大小、通风设备投资多少、通风运行电耗高低等一系列问题。通风系统中空气供应的合理与否，在技术上和经济上都有较大的关系。然而，工作面通风效果并不一定与供风量大小成正比，在供风量大于工作面需风量之后，还取决于通风系统控制漏风与调节众多工作面风量按需分配的能力。这也是在实际应用中，很多供风量偏大的通风系统不能达到理想的通风效果的原因。因此，应当按照生产工作面总需风量及系统调控效能综合考虑，慎重决定矿井供风量，这样才经济、合理，才合乎生产实际要求，或者说，在确定矿井供风量时，应当首先弄清工作面总需风量，然后再根据漏风情况、网络结构、调控性能及管理水平来考虑一定的备用系数，即：

$$Q_G = K \cdot \sum Q_X \tag{2.10}$$

式中 Q_G ——通风单元或整个系统的设计供风量；

K ——风量备用系数，$K \geqslant 1$；

$\sum Q_X$ ——通风单元或整个系统需风量。

按照《地下矿通风规范》要求，有效风量率不低于60%，风量备用系数 K 在1～1.67之间都是允许的。但是，这个取值范围比较大，实在难以准确选取。传统设计资料介绍，一般矿井 K 为1.3～1.5，漏风容易控制的矿井 K 为1.25～1.40，漏风难以控制的矿井 K 为1.35～1.5。

由于电耗与风量之间呈三次方的关系，增大风量备用系数，加大供风量导致电耗上升，通风成本增加的幅度惊人。盲目加大矿井供风量，不但不一定能达到预期的通风效果，而且会造成投资与电能的浪费。

以工作面为服务核心构建合理的风路结构与调控方式，降低有害漏风率，增强分风可控性与均衡性，可将漏风备用系数和分风不均衡系数均控制在1.05～1.1之间，即总的风量备用系数控制在1.1～1.21之间。将风量备用系数从传统的1.25～1.5降低至1.1～1.21，节能幅度可达31.9%～47.5%，节电效益非常可观。虽然矿井供风量略有减少，但是通风电耗大幅下降，有效风量率和风速合格率反而提高，仍然可以取得优良的通风效果，实现高效低耗的合理通风。下面以某金属矿山为例说明矿井需风量的确定及分配过程。

2.5.2 矿山基本概况

（1）矿山地质

矿区地层由老到新主要为新太古界泰山岩群山草峪组，新元古界土门群青白口系黑山官组和二青山组，震旦系佟家庄组，寒武系长清群李官组、朱砂洞组和馒头组。区内构造与区域构造相似，按构造特征和构造形式可分为基底构造和盖层构造两种，两者对金属矿山床均有不同程度的影响。基底构造在矿区内主要发育太白向斜，为一向东倾伏的不对称紧密褶皱，走向285°～295°，轴面倾向北，倾角80°，两翼倾角北陡南缓，北翼倾角65°～88°，南翼倾角33°～75°。长度大于12.0 km，核部由黑云变粒岩组成，东部为盖层所覆盖。向斜枢纽自东向西平缓倾伏，倾伏角约3°～6°。向斜东段两翼赋存着本矿床的南北两个主矿带。区内盖层构造总体为一单斜构造，断裂构造主要为F1及其次级派生构造F2、F3，均为高角度正断层，截穿了矿体，对矿体造成了不同程度的破坏。

某金属矿山床为隐伏矿床，发育两条主矿带，总体走向为 280°～290°，平行展布，相向而倾，表现为不对称向斜构造特征(太白向斜东段)。两条主矿带宽度具有互补性，北矿带沿自西向东走向呈变窄的趋势，南矿带沿自西向东岩呈增宽的趋势。矿带赋存于泰山岩群山草峪组地层中，产状与地层产状基本一致，覆盖层为青白口系至早寒武系沉积地层。矿带顶底板围岩为黑云角闪片岩或黑云变粒岩。矿体赋存于＋60～－230 m 标高以下，矿体顶部埋深 34.82～298.37 m。

（2）矿床开拓

由于矿体厚度不大、倾角比较陡、岩石条件好，回采顺序自下而上，采用充填法开采。采场之间留有矿柱，可以有效地防止岩体移动，井下开采不会使地表产生塌陷，因此不再圈定岩体的移动范围。但是，下盘设计所布置的主要开拓工程均在按常规圈定的移动范围之外，并且按照 70°～75°圈定了开采监测范围，在生产过程中对该范围进行地表位移监测，以便必要时采取措施，减小对矿山生产的影响，并防止人员和设备安全事故的发生。采用主副井和进风井开拓方案。

（3）采矿方法

设计选用分段空场嗣后充填采矿法和浅孔留矿嗣后充填采矿法。前者适用于矿体厚度大于 5 m 的矿块，在开采范围－410 m 水平以上，适用此采矿法的有 265 个采矿场；后者适用于矿体厚度小于 5 m 的矿块，在开采范围－410 m 水平以上，适用此采矿法的有 92 个采矿场。采矿场设计生产能力为：分段空场嗣后充填采矿法 750 t/d，浅孔留矿嗣后充填采矿法 150 t/d。

（4）通风方式和通风系统选择

某金属矿山采用副井和进风井进风，东、西回风井回风的对角通风方式。新鲜风流从副井和进风井进入，然后进入－410 m 中段。对分段空场嗣后充填采矿法，风流经穿脉进入出矿巷道，经天井回到－340 m 中段；部分风流经斜坡道进入分段巷道，经穿脉进入采场(凿岩巷道)，回到－340 m 中段。对浅孔留矿嗣后充填采矿法，风流经穿脉进入天井，进入采场，冲洗采场后由天井回到－340 m 中段回风巷道，然后回到风井石门，经风井排出地表。部分风流从副井进入－430 m 石门，然后经沿脉巷道、穿脉巷道进入回风天井到－340 m中段，再经西回风井排出地表。破碎硐室、皮带道、粉矿回收道的新鲜风流由电梯井进入。破碎硐室(－480 m 水平)通过大功率的辅助通风机(30 kW/台)抽风，将风流沿主井排至地表。中段卸矿站(－430 m 水平)、皮带道(－535 m 水平)、粉矿回收道(－601 m 水平)由局部通风机抽风，将风流沿主井排至地表，通风系统简图如图 2.1 所示。

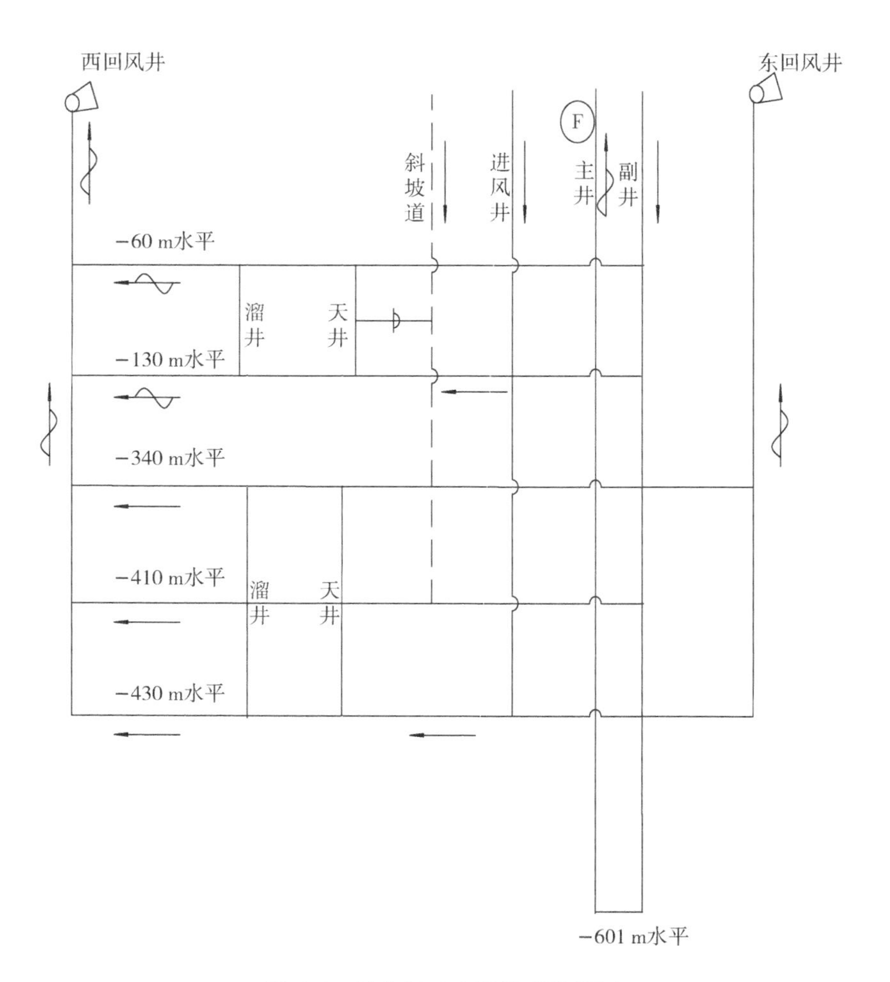

图 2.1　某金属矿山通风系统简图

2.5.3　矿井需风量分配表

按可布置矿块数计算生产能力，见表 2.6。

表 2.6　按可布置矿块数计算生产能力

中段	采矿方法		矿块数目/个	利用系数	采场生产能力/(t·d⁻¹)	生产能力/(t·d⁻¹)
+10 m 中段	南翼矿带	分段空场法				
		浅孔留矿法				
	北翼矿带	分段空场法	7	0.4	750	2 250
		浅孔留矿法				
	合计					2 250

（续表）

中段	采矿方法		矿块数目/个	利用系数	采场生产能力/(t·d^{-1})	生产能力/(t·d^{-1})
−60 m 中段	南翼矿带	分段空场法	6	0.4	750	1 500
		浅孔留矿法				
	北翼矿带	分段空场法	13	0.4	750	3 750
		浅孔留矿法				
	合计					5 250
−130 m 中段	南翼矿带	分段空场法	21	0.4	750	6 000
		浅孔留矿法	3	0.25	150	150
	北翼矿带	分段空场法	19	0.4	750	6 000
		浅孔留矿法	16	0.25	150	600
	合计					12 750
−200 m 中段	南翼矿带	分段空场法	26	0.4	750	7 500
		浅孔留矿法	4	0.25	150	150
	北翼矿带	分段空场法	26	0.4	750	7 500
		浅孔留矿法	10	0.25	150	300
	合计					15 450
−270 m 中段	南翼矿带	分段空场法	24	0.4	750	7 500
		浅孔留矿法	12	0.25	150	450
	北翼矿带	分段空场法	34	0.4	750	10 500
		浅孔留矿法	2	0.25	150	150
	合计					18 600
−340 m 中段	南翼矿带	分段空场法	20	0.4	750	6 000
		浅孔留矿法	9	0.25	150	300
	北翼矿带	分段空场法	28	0.4	750	8 250
		浅孔留矿法	8	0.25	150	300
	合计					14 850
−410 m 中段	南翼矿带	分段空场法	18	0.4	750	5 250
		浅孔留矿法	16	0.25	150	600
	北翼矿带	分段空场法	25	0.4	750	7 500
		浅孔留矿法	12	0.25	150	450
	合计					13 800

(1) 按工作面需风量计算

风量按某金属矿山目前主要用风地点需风量来计算，经计算坑内总需风量为 344 m^3/s，计算结果见表 2.7。

表 2.7　需风量计算表

序号	工程名称	用风点数目/个	单位需风量/($m^3 \cdot s^{-1}$)	合计需风量/($m^3 \cdot s^{-1}$)
一	采场			
1	分段空场法采场	10	10	100
2	浅孔留矿法采场	7	7	49
3	备用分段空场法采场	2	5	10
4	备用浅孔留矿法采场	2	3	6
5	中深孔凿岩	5	5	25
二	掘进工作面			
	掘进工作面	10	4	40
三	有轨运输水平			
1	有轨运输巷道	2	5	10
2	卸矿站	3	4	12
四	硐室			
1	破碎硐室		12	12
2	皮带道		6	6
3	粉矿回收道		2	2
4	井下爆破器材库		3	3
合计/($m^3 \cdot s^{-1}$)		275		
漏风系数		1.25		
总计/($m^3 \cdot s^{-1}$)		344		

(2) 按柴油设备和井下最大班人数需风量计算

风量按柴油设备需风量和井下最大班人数需风量来计算，经计算坑内总需风量为 145 m^3/s，计算结果见表 2.8。

表 2.8 风量分配计算表

序号		设备名称	设备型号	同时使用台数	单台功率/kW	总功率/kW	利用系数	工作功率/kW	风量/$(m^3 \cdot s^{-1})$
柴油设备	1	柴油铲运机	TORO 007	7	187	1 309	0.8	1 047.2	70
	2	柴油铲运机	LH307	2	131	262	0.8	209.6	14
	3	柴油铲运机	ST2D	2	63	126	0.8	100.8	7
	4	中深孔凿岩台车	Simba H1254	5	55	275	0.3	82.5	6
	5	单臂凿岩台车	Boomer 281	3	50	150	0.3	45	3
	6	材料车		2	42	84	0.5	42	3
	7	人车		2	42	84	0.5	42	3
	8	装药车		1	55	55	1	55	4
	合计需风量/$(m^3 \cdot s^{-1})$			108					
最大班人数	1	井下最大班人数/人		180					
	2	单位需风量/$[m^3 \cdot (s \cdot 人)^{-1}]$		0.07					
	3	合计需风量/$(m^3 \cdot s^{-1})$		13					
合计/$(m^3 \cdot s^{-1})$				121					
漏风系数				1.2					
总计/$(m^3 \cdot s^{-1})$				145					

2.6 矿井通风阻力测定

2.6.1 方案的制定及测线的选择

根据某金属矿山通风系统的现状和通风阻力测定标准的要求，特别考虑季节自然风压的影响，特选择一年中的春季、夏季和冬季三个季节对全矿进行了通风阻力测定。经仔细研究确定，本次阻力测定在所经过的测定路线上布置独立测点 100 余个。各季节具体的测点布置情况及位置如图 2.2～图 2.4 所示。

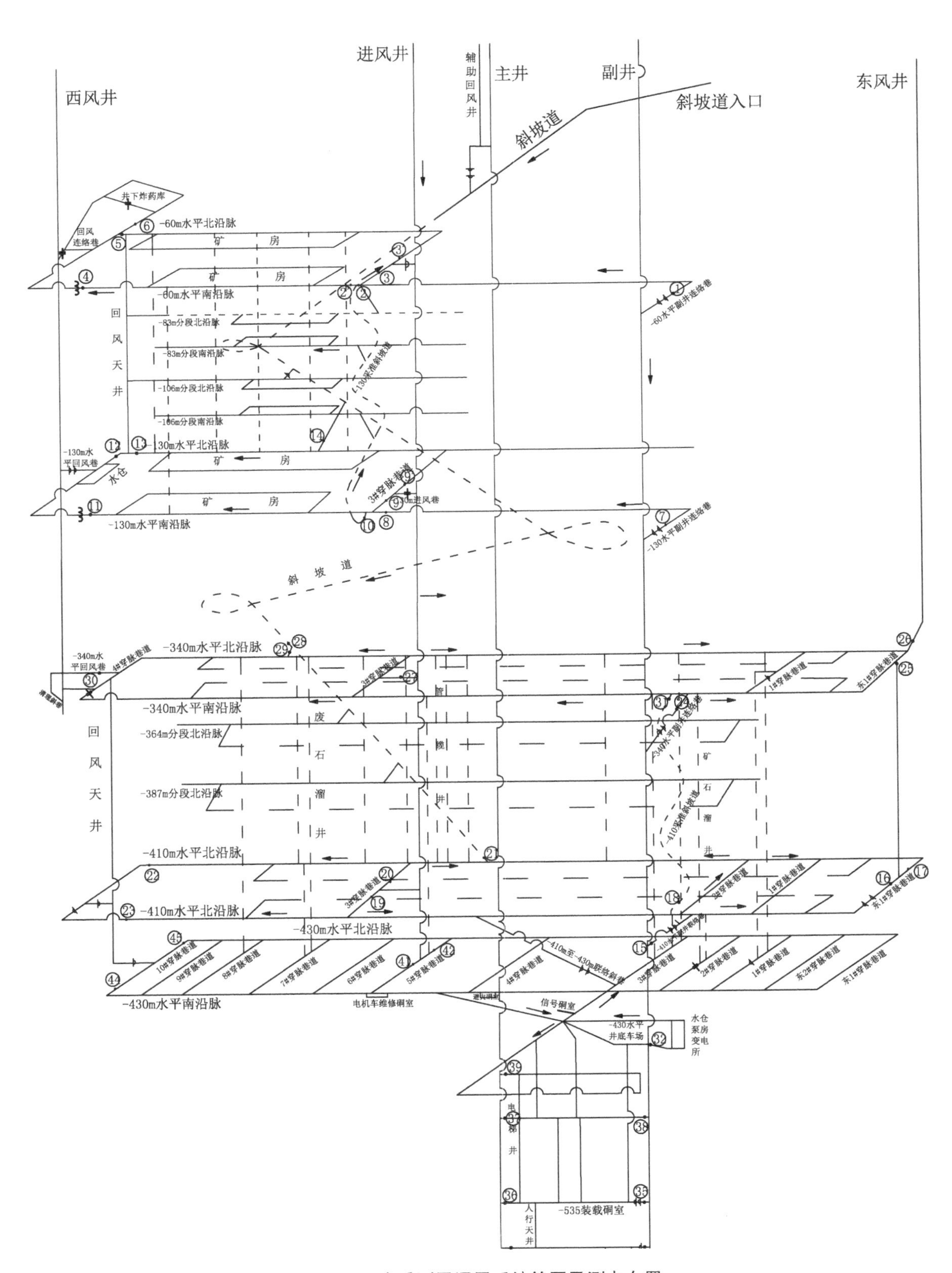

图 2.2　春季测风通风系统简图及测点布置

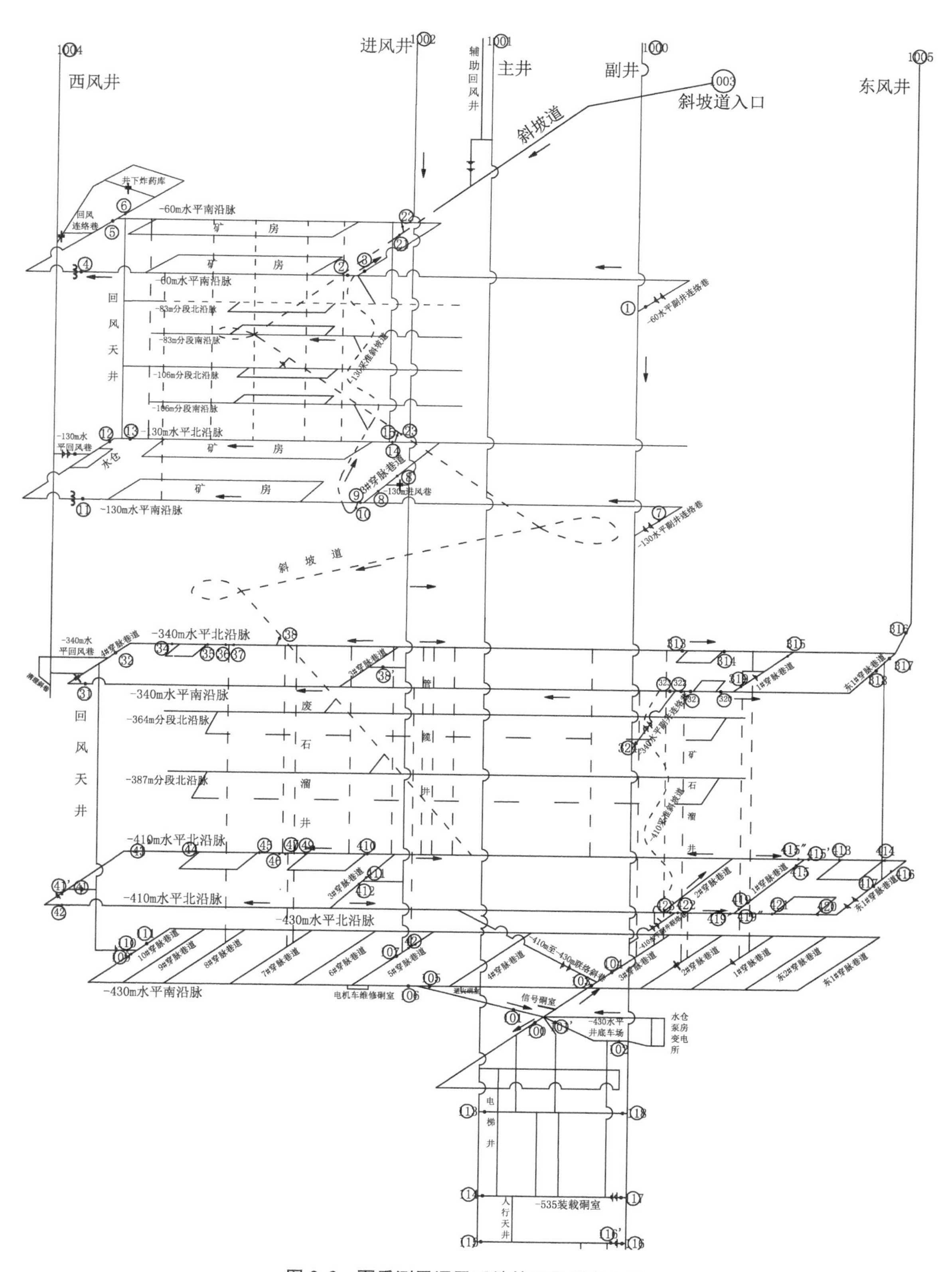

图 2.3　夏季测风通风系统简图及测点布置

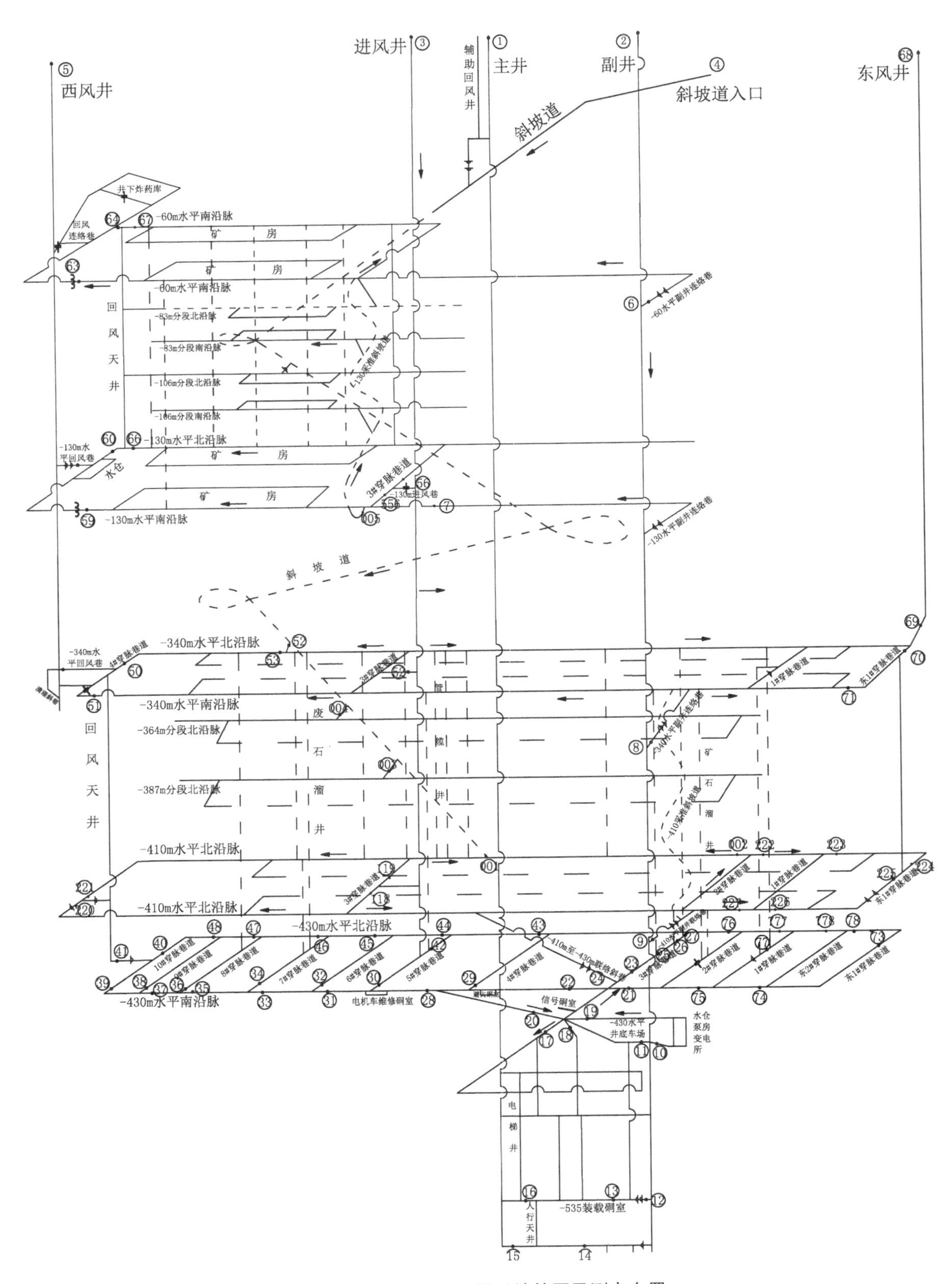

图2.4　冬季测风通风系统简图及测点布置

2.6.2　测定方法与数据处理

本次矿井通风阻力测定所采用的测定方法是精密数字气压计逐点测量法。测定时注意以下事项：

(1) BJ-1型精密数字气压计在使用前应先检查电源电压，若电压低于正常使用的电压值，必须进行充电；正式测定时应当提前30 min打开电源，使之预热，以备井下测定时能够正常使用。

(2) 在确定或需要调基时应估计好气压计的累计读数不超出其量程，以避免测定过程中出现气压计读数“溢出”现象。

(3) 读数时应将气压计放置平稳，保持水平不倾斜，且待巷道风流正常、气压计显示数字稳定时开始读数。

(4) 在携带气压计过程中应避免碰撞。

各设备仪表的详细参数见表2.9。

表2.9　阻力测定使用设备仪表一览表

名称	管理编号	规格型号	准确度	检定/校准证书编号
精密数字气压计	LMJF-YL013	BJ-1	±20 Pa	T34-20160053
	LMJF-YL001			T34-20160052
	LMJF-YL002			T34-20160051
干湿温度计	LMJF-GS004	DHM-2	±0.2℃	T20-20160856
	LMJF-GS005			T20-20160939
高速风表	LMJF-GF009	DFA-Ⅳ	—	FD12042
中速风表	LMJF-ZF001	DFA-Ⅱ	—	FD12032
	LMJF-ZF008			FD12030
微速风表	LMJF-DF002	DFA-Ⅲ	—	FD12036
	LMJF-DF008			FD12035
秒表	LMJF-MB001	504	±0.1 s	K03-20160014
	LMJF-MB002			K03-20160015
钢卷尺	LMJF-GC001	5 m	1 mm	L08-20160088
	LMJF-GC002			L08-20160089

数据处理过程如下：

先进行数据预处理，将原始记录数据按仪表、设备的校正系数一一校正或进行基点值换算，然后才能将其输入计算机进行数据处理。本次测定中所使用的风表的校正方程为：

中速 1：$v_1=0.96x+7.8$

中速 2：$v_2=0.94x+11.4$

中速 3：$v_3=0.92x+6.6$

微速 1：$v_1=0.40x+9.0$

微速 2：$v_2=0.45x+7.8$

微速 3：$v_3=0.37x+6.6$

原始数据的预处理还包括对气压计读值的预处理。气压计原始记录数据的预处理，就是将井下实测的原始气压计读值都统一换算成某一挡位的实际值，然后才能将其输入计算机进行数据处理。

对原始数据进行预处理后，即可将其输入计算机对矿井阻力的有关参数进行计算。

2.7 矿井通风参数数据分析

2.7.1 进回风井风量分布分析

自然风压影响下进回风井风量分布情况如表 2.10、图 2.5、图 2.6 所示。

表 2.10 季节通风进回风井分风情况

风井	冬季风量/($m^3\cdot s^{-1}$)	春季风量/($m^3\cdot s^{-1}$)	夏季风量/($m^3\cdot s^{-1}$)
进风井	214.5	192.5	164.9
副井	89.7	97.3	96
斜坡道	51.6	55.9	49.2
总进风	355.8	345.7	310.1
东回风井	153	143.8	121
西回风井	179	160	129.6
主井	29.7	45.7	61.7

由表 2.10 可以看出，随着气温的升高，三个季节的进风量均呈递减趋势，主要表现在：进风井的进风量降低显著，副井的进风量稍有上升，而斜坡道的风量则有很大的变动；在回风特性上，西回风井的回风量比东回风井的要大，而且由于季节原因，东、西两个井井口的风量都有明显的降低。主井的井筒深度较深，除了受到周边进风井和副井等因素的影响外，回风量还随着季节的变化而变化。

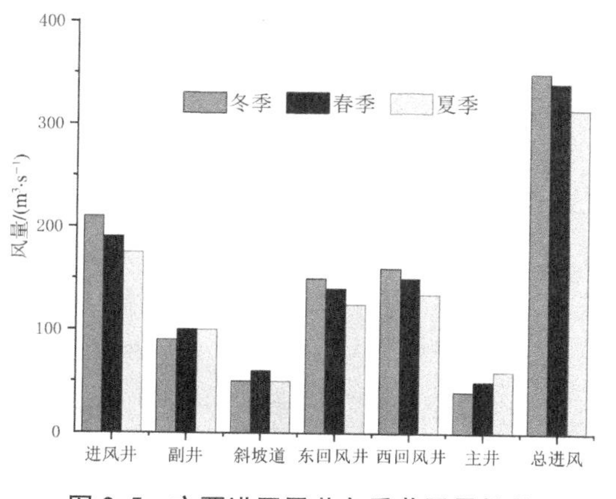

图 2.5　主要进回风井各季节风量柱状图

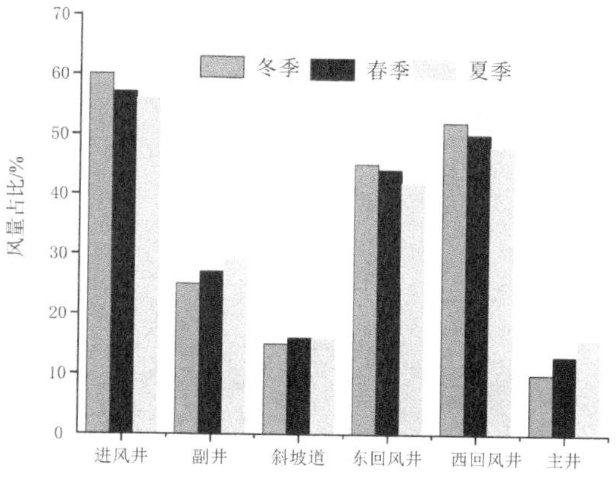

图 2.6　不同季节进回风量占比图

由图 2.5、图 2.6 可知，各进回风井在不同季节分担的风量占比如下：

(1) 进风方面：进风井占整个进风量的 50%以上，进风井风量由冬季的 214.5 m^3/s 减少至夏季的 164.9 m^3/s；副井风量由冬季的 89.7 m^3/s 增至夏季的 96 m^3/s，斜坡道风量在 50 m^3/s 上下浮动。随温度升高，副井进风量占比逐渐增加，进风井进风量占比呈下降趋势，斜坡道占比较小，变化规律不明显。

(2) 回风方面：东回风井和西回风井的回风量比例相当，随着气温的上升，其回风量逐渐减小，而主井的回风量则逐渐增大。但主井回风量由冬季的 29.7 m^3/s（占比 8.2%），增加至夏季的 61.7 m^3/s（占比 19.8%），增幅明显。

2.7.2　季节自然风压对各水平分风影响分析

选择主要生产区域以回风为主的西回风井为研究对象，各水平用风及占比情况如表 2.11、图 2.7、图 2.8 所示。

表 2.11　风机和自然风压共同作用下矿井各水平风量及其对通风影响

水平	冬季西回风井风量/($m^3\cdot s^{-1}$)	春季西回风井风量/($m^3\cdot s^{-1}$)	夏季西回风井风量/($m^3\cdot s^{-1}$)	冬季西回风井风量占比/%	春季西回风井风量占比/%	夏季西回风井风量占比/%
−60 m 水平	35.8	32	23.1	19.70	19.72	19.22
−130 m 水平	15	13.3	8.9	8.26	8.19	7.40
−340 m 水平	103.3	92.4	70.6	56.85	56.93	58.74
−410 m 水平	21.6	19.3	14.1	11.89	11.89	11.73
−430 m 水平	6	5.3	3.5	3.30	3.27	2.91

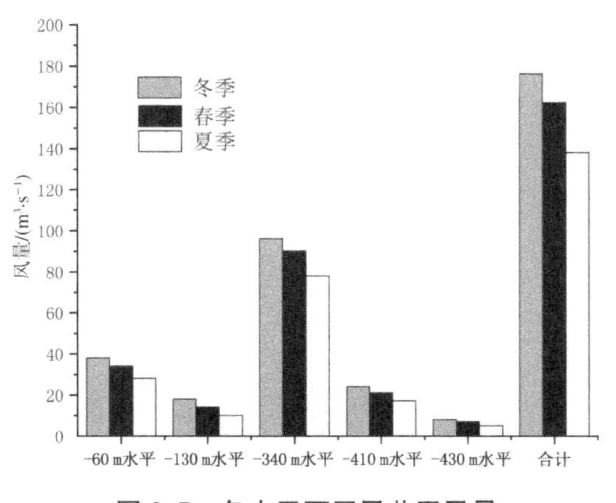

图 2.7　各水平西回风井回风量

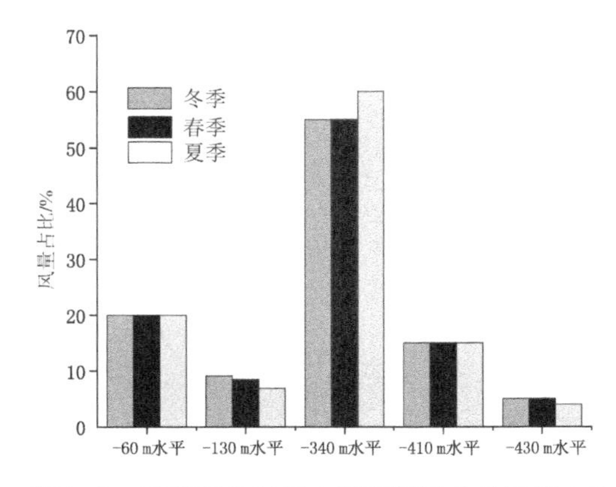

图 2.8　季节变化时各水平西回风井分风量占比

从图 2.7 可以看出，随着温度升高，各水平回风量逐渐减少。但从各水平西回风井回风量占比变化来看（图 2.8），－60 m、－410 m 水平基本持平；－130 m、－430 m 水平风量占比下降；－340 m 水平风量占比增加。该变化除受采掘计划影响外，也受季节变化时各区域分风量变化的影响。

2.8　通风现状分析

随着某金属矿山的开采强度和规模的不断扩大，矿井进行了扩建，但扩建后的矿井通风系统因为采场范围的扩大和进、回风井数量的增加而变得更加复杂，其稳定性也随之降低，具体表现为：

（1）由于进、回风井数量的增加，自然风压、矿井漏风等问题凸显，现有的通风管理变得越发困难。当东、西回风井风机联合回风时，将会出现系统中部分公共风路上风流、风压不稳定区域。此时如受自然风压变化等影响，极易造成局部地点风量减少或不足，甚至引起某些用风地点或巷道风流停滞或风流反向。受自然风压干扰，风流稳定性差，由于井口间有高差和气温变化，仍受自然风压影响，使井下部分巷道风流方向不稳定。一般来说，在主要通风机总风压作用比较薄弱的地带，又没有辅助通风机对风流进行控制，易受自然风压影响，造成风流混乱。

（2）混合式通风系统多风机联合运转时，各风机的相互干扰造成风机运行效率的降低；多风机联合运转时，由于风机性能参数不同，将在部分角联公共风路上造成风机的相互较力，从而影响风机运行效率。东回风井贯通后，系统中的干扰的角联分支增加，通风系统稳定性下降；原系统中部分巷道的进回风路线、供风量等发生变化，矿井的通风阻力、用风地点供风量等发生变化，部分用风地点可能出现风量偏大或供风不足等问题。

(3) 多中段同时作业时,专用回风道或回风天井,构成中接通风网络。生产矿山也应把解决风流串联污染问题,作为调整通风系统的重要课题。中段和采区通风风路调节设施薄弱,对作业地点按需分风调节困难,影响作业面的通风效果,并造成风流浪费。

(4) 通风管理困难。作为特大型矿山,某金属矿山通风系统复杂,矿井需风量大,通风路线长,通风设施复杂,自然风压对矿井通风影响显著,这些均对目前的通风管理工作提出了更高要求。

第3章 季节自然风压对多水平复杂通风系统影响研究

矿山的通风以自然风压和机械风压为主要动力源。部分矿山的通风实践表明，在一定的条件下，当机械风压与进风井风流温度达到定值时，将会产生两种完全不同的风流状态，甚至在某些情况下还会导致风流状态突变。通过对矿井风流条件的分析与把握，可以实现对矿井风流条件的有效调控，从而达到理想的通风效果。

3.1 自然风压的特点及规律分析

自然风压是矿井中不可忽略的一种自然现象，它在不同的季节有不同的作用，巷道内的空气流动发生了热交换，使得进出不同地区的温度发生变化，导致矿内温度的不同，使得进回风空气柱的密度不一样，导致重力差的存在，形成了自然风压。自然风压通风受自然因素影响较多，通风能力和方向经常会发生变化，其中影响比较大的是地表温度和地面空气湿度。当地表温度较高时，井下温度一定，风压较大，通风较好；当地表温度较低时，通风较差或很差。当地面空气湿度较大，并与井下湿度相当时，通风较差。自然风压是极其不稳定的，所以必须清楚它的规律才能好好地利用它。

3.1.1 自然风压的影响因素

自然风压，可看成是空气密度ρ和矿井深度Z的函数。空气的温度T、压强P、气体常数R、相对湿度φ这些因素都会影响空气的密度，同时这些参数还受时间τ影响，所以自然风压可以用下列方程表示：

$$H_N = f(\rho Z) = f(\rho(T,\ P,\ R,\ \varphi,\ \tau)Z) \tag{3.1}$$

具体的分析如下：

(1) 矿井中巷道两侧的空气柱温度差对自然风压的影响是最大的。地表空气流进巷道后，将与井下发生热交换，并随开采深度、开采方式及地表地形的改变而改变。除此之外，工作人员的呼吸以及大型机器的运转等，都会有热交换产生。

(2) 空气成分和湿度对空气的密度有影响，但是影响较小。

(3) 自然风压与井深在空气柱一定的情况下是成正比的。

(4) 空气从压强高的地方向压强低的地方流动。

(5) 自然风压在不同季节、不同时间对矿井的作用影响不同,作用状况主要取决于矿内外空气的温度、湿度及压力变化等。

3.1.2　自然风压的计算

风流从温度比较低的井筒流入,从温度比较高的井筒排出矿井。另外,在立井井筒开挖过程中,冬天风流从井筒中央向下流动,并沿着井壁向外流出;而在夏季,风的流向则与之相反。这是因为空气温度与井筒围岩温度之间有一定的差别,空气与围岩之间进行了热交换,导致进风井筒与回风井筒、井筒中心一带与井壁附近空气之间有一定的温度差,气温低处的空气密度要大于气温高处的空气密度,导致不同地方的相同高度空气柱的重量不一样,从而使风流发生流动,空气柱的重量差被称为自然风压 H_N。

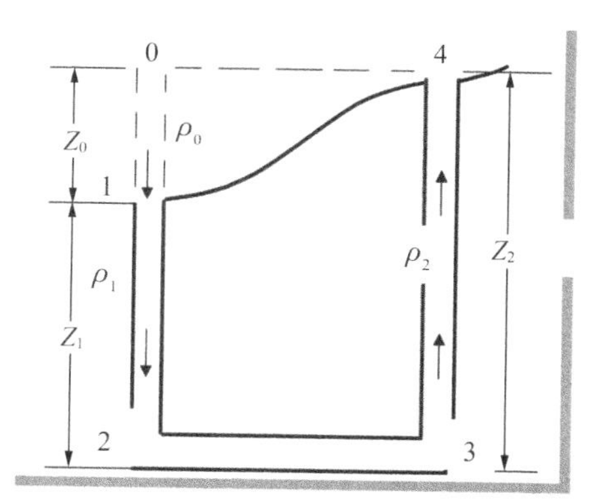

图 3.1　简化矿井通风系统

从上面内容可以看出,若将地表大气看作一条具有无限大断面和零风阻的假设风道,那么,通风系统就可以看作一条具有高差的闭合回路,通过分析自然风压的成因,我们可以得出如下公式:

$$H_N = \int_0^2 \rho_1 g \, dZ - \int_3^5 \rho_2 g \, dZ \tag{3.2}$$

式中　Z ——矿井最高点到最低点间的距离,m;

g ——重力加速度,m/s^2;

ρ_1,ρ_2——分别为 0—1—2 和 5—4—3 井巷中 dZ 段空气密度,kg/m^3。

空气密度 ρ 与矿井深度 Z 有着复杂的函数关系,因此用式(3.2)计算自然风压比较困难。为了简化计算，一般先测算出 0—1—2 和 5—4—3 井巷中空气密度的平均值 $\bar{\rho}_{进}$、$\bar{\rho}_{回}$，分别代替式(3.2)中的 ρ_1 和 ρ_2，即：

$$H_{自}=(\bar{\rho}_{进}-\bar{\rho}_{回})gZ \tag{3.3}$$

根据资料显示，用流体静力学的方法来测量自然风压的原理是计算两个空气柱的重量差。如图 3.1 所示，假设矿井在进风井上方有一段空气柱 0—1，并且假设 0 与 4 高度一致，那么 0 和 4 的大气压相同。

用式(3.1)对影响因素进行定量分析。进回风井井底气压可以通过流体力学和气体状态方程进行微分和积分而得出，利用差分法总结出井筒温度随井深的分布规律。利用 K 值法计算煤壁与井巷中风流的热交换。

对井筒，可求出进、回风井井底气压如下：

$$P_j=P_0(d_1-t_y-c_1Q+t_0)^{d_1}(273+t_0)^{-d_2} \tag{3.4}$$

$$P_c=P_0(d_3-t_y-c_1Q+t_d)^{d_2}(273+t_d)^{-d_4} \tag{3.5}$$

其中

$$d_1=(273+t_y+c_1Q)\exp\left(\frac{c_2H}{Q}\right)$$

$$d_2=gQc_2^{-1}R^{-1}(273+t_y+c_1Q)^{-1} \tag{3.6}$$

$$d_3=(273+t_y-c_1Q)\exp\left(\frac{c_2H}{Q}\right) \tag{3.7}$$

$$d_4=gQc_2^{-1}R^{-1}(273+t_y-c_1Q)^{-1} \tag{3.8}$$

$$c_1=3\,600\gamma(854\pi\lambda K\varepsilon)^{-1} \tag{3.9}$$

$$c_2=2\pi\lambda K\varepsilon(3\,600c_p\gamma)^{-1} \tag{3.10}$$

式中 P_j，P_c，P_0——进、回风井井底和进风井井口气压，Pa；

Q——风流流量，m^3/s；

λ——围岩热导率，kJ/(m·h·℃)；

K——无因次不稳定传热系数；

ε——湿热比；

γ——矿井空气平均密度，kg/m^3；

t_y——井段平均岩温，℃；

t_0——进风井井口气温，℃；

t_d——回风井井底气温，℃；

H——井段深度，m；

g ——重力加速度，m/s^2；

R ——空气的气体常数，$J/(kg \cdot K)$；

c_p ——空气的定压比热容，$kJ/(kg \cdot ℃)$。

则进风井、回风井之间的自然风压为：

$$H_N = P_j - P_c \tag{3.11}$$

根据以上推导，自然风压有如下特点：

① $\lim\limits_{Q \to \infty} H_N = 0$ 存在。

② 对不同井深，都有一个临界温度点 t_1。当 $t_0 < t_1$ 时，$\lim\limits_{Q \to 0} \dfrac{\partial H_N}{\partial Q} > 0$；当 $t_0 > t_1$ 时，$\lim\limits_{Q \to 0} \dfrac{\partial H_N}{\partial Q} < 0$。

对于金属矿山，可以根据地理位置来计算自然风压的大致取值，来优化金属矿井的通风系统。

3.1.3　自然风压的时间特征分析

在大气中，由风力和风向的不同造成的工程内外压力差的自然风压被称为风力风压（简称风压）；由大气的温度差造成的工程内外压力差的自然风压被叫作热力风压（简称热压）。自然风压是极其不稳定的，所以必须清楚它的规律才能好好地利用它。在昼夜温差较大的地区矿井巷道中的风流可能会出现反向，例如在夏季的正午温度很高，风流方向是从竖井进入再从下部的平巷道流出；到了晚上，地面的温度有可能降低，如果大气的温度低于巷道内的温度，会出现竖井排风的情况，如果温度差异不大甚至会出现空气停滞的情况。此外，不同季节，受地表大气压力变化的影响，自然风压对全矿通风影响较大，不同季节自然风压的方向见图 3.2。

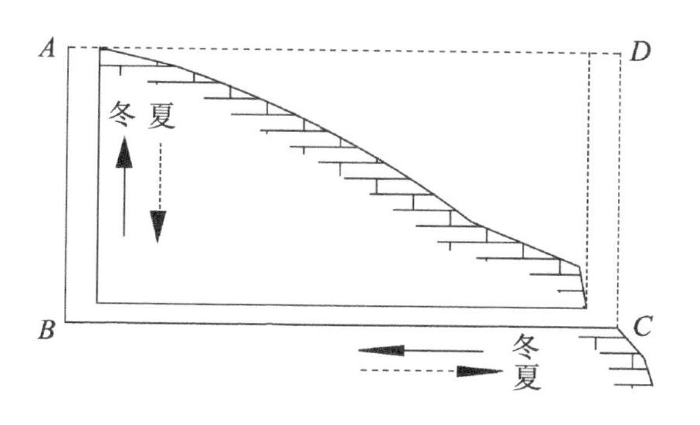

图 3.2　不同季节自然风压的方向

3.2 矿井内部自然风压规律研究

3.2.1 多风井自然风压影响研究

在煤矿开采过程中，自然风压是一种客观存在的现象，它不仅会影响煤矿开采过程中的整体通风系统，还会影响部分巷道内的风流状况。按其作用区域的差异，可将其划分为矿井总的自然风压与局部自然风压。矿井总的自然风压是指在进、回风系统中所产生的总能量差，这个自然风压的方向与通风机的风压一致，从而推动了矿井整体的通风，反之则阻碍了整个矿井的通风；而局部自然风压则是由某一局部并联回路之间所产生的能量差异引起的，它是造成井下巷道区内风流状态改变的重要因素。

1）1 进 1 回的矿井通风方式

如图 3.3 所示，井筒 1 为进风井，井筒 2 为回风井，这种矿井通风方式仅存在一条闭合的回路 $a-b-c-d-a$，两井筒之间形成的自然风压为矿井总的自然风压。

$$H_{N12}=(\rho_{ab}-\rho_{cd})gZ \tag{3.12}$$

根据风压平衡定律可得：

$$H_s+H_{N12}=h_{ab}+h_{bc}+h_{cd} \tag{3.13}$$

2）2 进 1 回的矿井通风方式

如图 3.4 所示，这种进回风井的布置方式为两个进风井排列在一起，井筒 1、井筒 2 为进风井，井筒 3 为回风井，进回风井之间存在两条闭合的回路：$a-b-e-f-a$、$d-c-e-f-d$，对应的自然风压为：

$$H_{N13}=(\rho_{ab}-\rho_{ef})gZ;\ H_{N23}=(\rho_{cd}-\rho_{ef})gZ \tag{3.14}$$

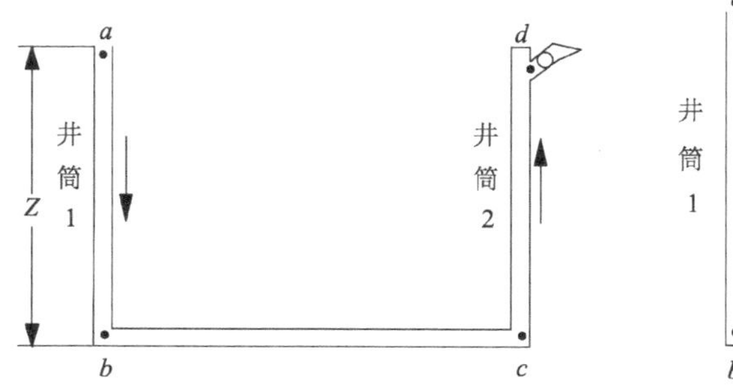

图 3.3　1 进 1 回的矿井通风简图

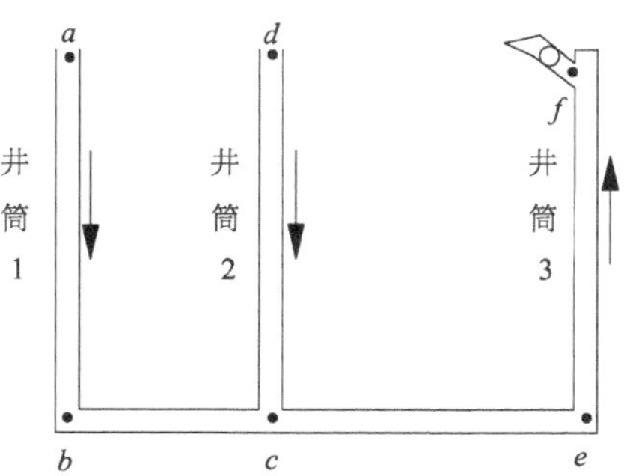

图 3.4　2 进 1 回的矿井通风简图

上述两条回路所计算的自然风压是进回风井之间的自然风压，也就是矿井总的自然风压。此外，进风井井筒 1 与井筒 2 之间也有可能会存在局部自然风压，假设自然风压的方向与风流方向相同,在这里可以分为两种情况来探讨。

① 进风井的空气平均密度相同时。$\rho_{ab}=\rho_{cd}$,进风井井筒 1、井筒 2 分别与回风井井筒 3 形成的自然风压相等,即 $H_{N13}=H_{N23}$。

这时,在矿井内各进风井间不存在局部自然风压,在进、回风井间形成的自然风压就是整个矿井的自然风压。在闭合回路 $a-b-e-f-a$、$d-c-e-f-d$ 中由风压平衡定律分别可得:

$$H_s+H_{N13}=h_{ab}+h_{be}+h_{ef} \tag{3.15}$$

$$H_s+H_{N23}=h_{cd}+h_{ce}+h_{ef} \tag{3.16}$$

② 进风井的空气平均密度不相同时。假设 $\rho_{ab}<\rho_{cd}$,进风井井筒 1、井筒 2 分别与回风井井筒 3 形成的自然风压 $H_{N13}<H_{N23}$。

另外,在进风井井筒 1 和井筒 2 之间,还会产生局部自然风压,从而阻碍井筒 1 中的风流的运转。

当 $\Delta\rho=\rho_{cd}-\rho_{ab}$ 较大时,井筒 1 有可能出现风流的停滞或逆转,井筒 1 与井筒 2 之间存在的局部自然风压为:$H_{N21}=(\rho_{cd}-\rho_{ab})gZ$,进风井之间的局部自然风压可以通过进风井与回风井之间的自然风压得出:

$$\begin{aligned}H_{N21}&=(\rho_{cd}-\rho_{ab})gZ\\&=(\rho_{cd}-\rho_{ef}-\rho_{ab}+\rho_{ef})gZ\\&=(\rho_{cd}-\rho_{ef})gZ-(\rho_{ab}-\rho_{ef})gZ\\&=H_{N23}-H_{N13}\end{aligned}$$

即:
$$H_{N21}=H_{N23}-H_{N13} \tag{3.17}$$

同理,当 $\rho_{ab}>\rho_{cd}$,进风井井筒 1、井筒 2 分别与回风井井筒 3 形成的自然风压 $H_{N13}>H_{N23}$,这时,井筒 1 与井筒 2 之间形成的局部自然风压会阻碍井筒 2 中风流的运行,局部自然风压过大有可能会使井筒 2 中的风流停滞或逆转。

3) 1 进 2 回的矿井通风方式

如图 3.5 所示,井筒 2 为进风井,井筒 1 和井筒 3 为回风井,进回风井之间存在两条闭合的回路:$d-c-b-a-d$、$d-c-e-f-d$,对应的矿井总的自然风压为:

$$H_{N21}=(\rho_{cd}-\rho_{ab})gZ;\ H_{N23}=(\rho_{cd}-\rho_{ef})gZ \tag{3.18}$$

除此之外,在回风井井筒 1 和井筒 3 之间也存在局部自然风压。假设自然风压方向与风流方向一致,分为以下两种情况:

(1) 回风井的空气平均密度相同时,即 $\rho_{ab}=\rho_{ef}$,进风井井筒 2 与回风井井筒 1 和井筒 3 形成的自然风压相等,即 $H_{N21}=H_{N23}$。

(2) 回风井的空气平均密度不相同时,假设 $\rho_{ab}<\rho_{ef}$,则 $H_{N21}>H_{N23}$。

这样两回风井之间就会产生局部自然风压,阻碍井筒 3 中风流的运行,当 $\Delta\rho=\rho_{ef}-\rho_{ab}$ 较大时,井筒 3 有可能出现风流的停滞或逆转,井筒 1 与井筒 3 之间存在的局部自然风压为:$H_{N13}=(\rho_{ab}-\rho_{ef})gZ$,回风井之间的局部自然风压可以通过进风井与回风井之间总的自然风压汇出:

$$H_{N13}=(\rho_{ab}-\rho_{ef})gZ=(\rho_{cd}-\rho_{ef}-\rho_{cd}+\rho_{ab})gZ=H_{N23}-H_{N21}$$

即:
$$H_{N13}=H_{N23}-H_{N21} \tag{3.19}$$

同理,当 $\rho_{ab}>\rho_{ef}$ 时,$H_{N21}<H_{N23}$,形成的局部自然风压会阻碍井筒 1 中风流流动。

3.2.2 多水平之间自然风压影响研究

对于多水平的矿井通风系统,每个水平除了含有各自的自然风压之外,各水平间还有可能存在局部自然风压干扰水平中的正常风流。以图 3.6 所示的 2 水平的矿井通风系统来进行说明,该通风系统水平 1 和水平 2 存在两条回路 $a-b-e-f-a$ 和 $a-b-c-d-e-f-a$,对应的自然风压分别为 H_{N1} 和 H_{N2}。除此之外水平 1 和水平 2 之间还存在局部自然风压 H_{N12},如果局部自然风压 H_{N12} 的方向与水平 1 中风流方向相反会阻碍水平 1 中的风流运行,随着 H_{N12} 逐渐增加,可能会导致水平 1 中的风流停滞甚至反向,如果水平 1 中风流出现反向情况,水平 1 和水平 2 之间会产生一个内循环。其中:

$$H_{N1}=(\rho_{ab}-\rho_{ef})gZ_1;\ H_{N2}=(\rho_{ac}-\rho_{df})g(Z_1+Z_2);\ H_{N12}=(\rho_{bc}-\rho_{de})gZ_2 \tag{3.20}$$

水平 2 的自然风压 H_{N2} 其实是水平 1 的自然风压 H_{N1} 与局部自然风压 H_{N12} 的和,即:

$$H_{N2}=H_{N1}+H_{N12} \tag{3.21}$$

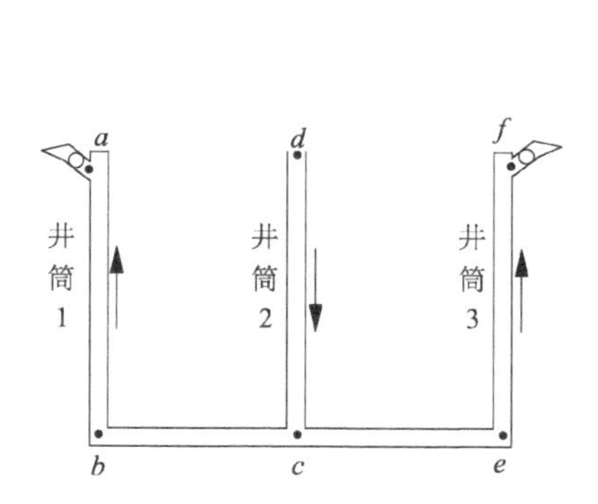

图 3.5 1 进 2 回的矿井通风简图

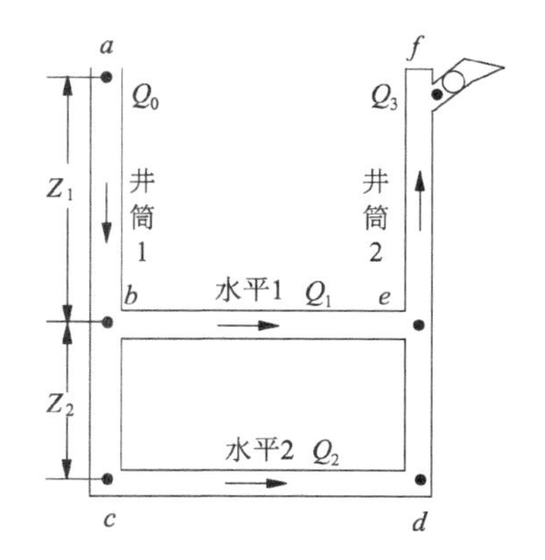

图 3.6 2 水平的矿井通风简图

3.3　自然风压灵敏度对通风系统稳定性影响研究

3.3.1　稳定性划分

矿井通风系统的稳定性，主要取决于主要通风机的台数、主要通风机的相对位置以及自然风压大小、通风网络的结构形式。

按风流稳定的程度，可将通风系统分为三类：

(1) 高稳定系统。通风网络中没有角联的分区通风系统，和虽有角联风路但在发生事故或改变相邻风路的风阻时，实际发生风流反向的可能性很小的通风系统。

(2) 中等稳定系统。有复杂的角联通风网络系统，但平时风流稳定，仅在发生灾变时才会发生风流反向。

(3) 低稳定系统。通风系统在正常生产情况下，由风门等通风设施管理不严，或矿车停放、坑木设备的堆积等引起风路风阻的变化，即可引起角联风路的风量变化，甚至引起风流方向的改变。

当上述三类系统受自然风压影响时，其系统的稳定分析将更加复杂。

在矿井通风的整个系统中，如果其中的任何一个部分数据有变化，则整个通风系统的运行状态就会出现变化。矿井下有多种因素影响(比如通风机的运行状态、自然风压、巷道风阻、井下生产活动等的影响)使得巷道内空气的各种参数并不是稳定的数值，如果波动的幅度过大，超过允许的范围就被称为矿井风流不稳定现象，灵敏度就是度量网络系统中元件参数变化的程度。相关资料显示有一些现象产生，比如风量上下波动很大、风压不稳定，一些分支的风量还会减少很多，当出现角联分支还会产生风流停滞和反风现象。矿井通风网络灵敏度就是风量参数的变化率。

3.3.2　自然风压通风系统灵敏度分析

在矿井网络分支中，风量对自然风压变化的影响是不同的，从而引出灵敏度的概念。假如每个矿井通风网络中的总风量 Q_0 是保持不变的，灵敏度 $S_{Q_i}^{H_N}$ 为：

$$S_{Q_i}^{H_N}=\frac{\Delta Q_i/Q_i}{\Delta H_N/H_N} \tag{3.22}$$

式中　H_N ——自然风压；

ΔH_N ——自然风压变化；

Q_i ——风网分支风量；

ΔQ_i ——风网分支风量变化量。

采用线性网路计算灵敏度，选取下面的参数定为伴随网络 $\hat{G}$，网路总风量：

$$\hat{Q} = Q_0 \tag{3.23}$$

风阻：

$$\hat{r}_i = 2r_i \mid q_i \mid, \quad i = 1, 2, \cdots, n \tag{3.24}$$

阻力定律：

$$\hat{h}_i = \hat{r}_i \hat{q}_i, \quad i = 1, 2, \cdots, n \tag{3.25}$$

式中 r_i ——原网路 G 中分支 e_i 的风阻；

q_i ——原网路 G 中分支 e_i 的风量；

Q_0 ——原网路 G 的总风量；

$\hat{h}_i$ ——伴随网路 $\hat{G}$ 中分支 $\hat{e}_i$ 的风压；

q_i ——伴随网路 $\hat{G}$ 中分支 $\hat{e}_i$ 的风量。

由特勒根似功率定理，有以下关系：

$$\sum_{i=1}^{n} q_i \hat{h}_i = 0 \tag{3.26}$$

$$\sum_{i=1}^{n} \hat{q}_i h_i = 0 \tag{3.27}$$

当 h_i 有一微小变化时，有：

$$\sum_{i=1}^{n} \hat{q}_i (h_i + \Delta h_i) = 0 \tag{3.28}$$

将式(3.26)代入式(3.22)，得：

$$\sum_{i=1}^{n} \hat{q}_i \Delta h_i = 0 \tag{3.29}$$

同理，当 q_i 也有一微小变化 Δq_i 时，有：

$$\sum_{i=1}^{n} \hat{h}_i \Delta q_i = 0 \tag{3.30}$$

将式(3.27)代入式(3.28)，得：

$$\sum_{i=1}^{n} (\hat{q}_i \Delta h_i - \hat{h}_i \Delta q_i) = 0 \tag{3.31}$$

令 $\Delta H_N = 0$，$\Delta Q_i \neq 0$，其余变量皆为零，有：

$$\hat{q}_j \Delta H_N = \hat{h}_i \Delta Q_i \tag{3.32}$$

式中　$\hat{q}_j$ ——伴随网络中自然风压所在分支风量；

$\hat{h}_i$ ——伴随网络中分支风压，则有：

$$\frac{\Delta Q_i}{\Delta H_i} = \frac{\hat{q}_i}{\hat{h}_i} \tag{3.33}$$

$\hat{q}_j$ 与原网络中的 q_i 近似相等，$\hat{q}_j$ 所在分支是自然风压的分支，则 $\hat{q}_j = Q_0$。因此，有：

$$S_{Q_i}^{H_N} = \frac{\Delta Q_i / Q_i}{\Delta H_N / H_N} = \frac{\hat{q}_j}{\hat{h}_i} \cdot \frac{H_N}{Q_i} = \frac{Q_0}{h_i} \cdot \frac{H_N}{Q_i} = \frac{Q_0 H_N}{N_i} \tag{3.34}$$

所以，灵敏度就是自然风压在分支的动力消耗与 i 分支的空气动力消耗的比值。

第4章 季节自然风压对金属矿山通风影响研究

自然风压是一种客观存在的自然现象，受气候、季节气温等因素的影响，很难进行有效的控制，是造成矿井通风系统不可控性的原因之一。本章以某金属矿山为例，分析季节自然风压特点及其影响参数，通过现场检测、数值模拟、理论分析，阐明季节自然风压对金属矿山通风系统的影响特征及规律。

4.1 自然风压影响参数分析

4.1.1 通风系统分析

某金属矿山是多进多回多水平的通风矿井，这样的矿山不仅存在着外部自然风压，而且在矿井内部的各个不同闭合风路中还存在着网孔自然风压(图4.1、图4.2)。

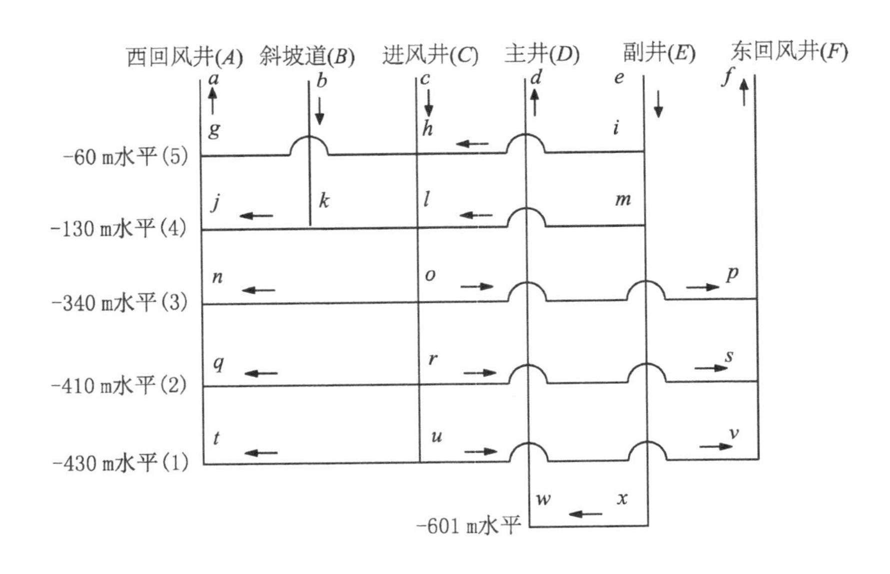

图4.1 某金属矿山通风系统简图

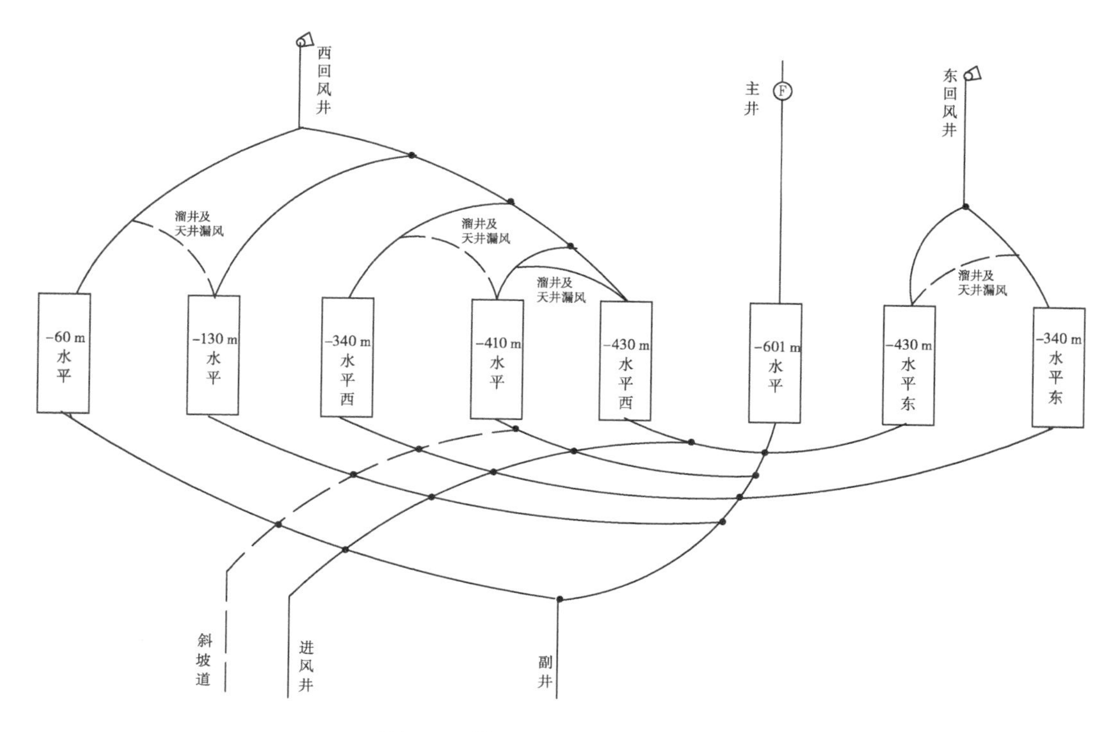

图 4.2　某金属矿山通风网络简图

从某金属矿山通风系统简图(图 4.1)和通风网络简图(图 4.2)可以看出,该通风系统为三进三回通风系统,划分为−60 m 至−601 m 多个水平。其中进风井、副井为主要的进风通道,东、西回风井为主要的回风通道,井下各水平间通风网络复杂,进风井通风网络角联分支多,角联分支对通风网络影响较大。

4.1.2　多水平自然风压的规律分析

主要进回风井基本参数如表 4.1 所示。

表 4.1　主要进回风井基本参数

井筒名称	井筒地面标高/m	井筒到达水平/m	风流方向
西回风井	96	−340	回风
进风井	89	−430	进风
副井	96	−601	进风
主井	88	−679	回风
东回风井	60.3	−340	回风
斜坡道	80	4 446(全长)	进风

从表 4.1 中可以看出，某金属矿山进回风井井筒地面标高中，东、西回风井高差最大，达 35.7 m，受季节、时间及外部大气压影响，自然风压影响显著。进回风井井筒深度及高差差异较大，井筒温度不同，空气密度差异较大。

矿山当地气温（每月 15 号）变化趋势如图 4.3 所示，其中 2017 年最高温度和最低温度相差 36℃，日均气温在 9～13℃之间，地表大气压对自然风压影响显著。

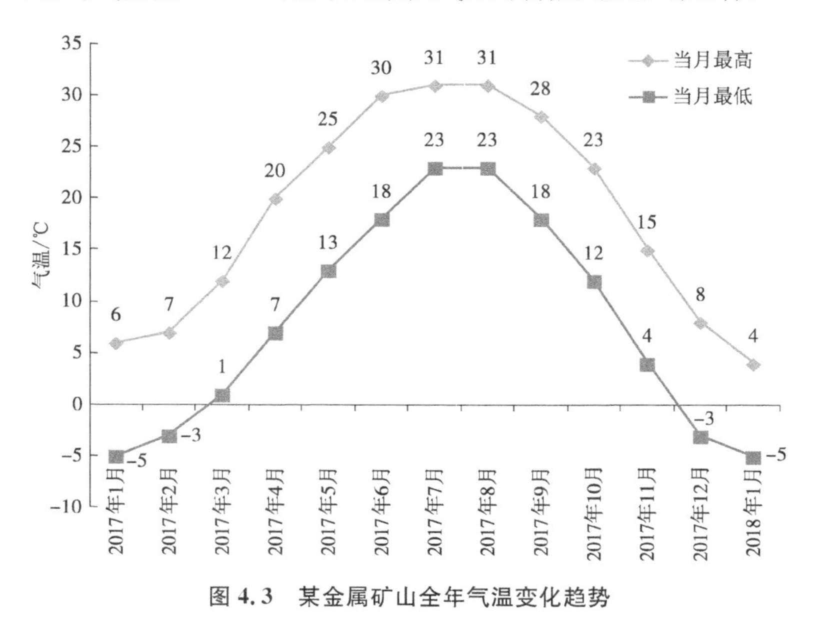

图 4.3　某金属矿山全年气温变化趋势

4.2　水平自然风压影响分析

4.2.1　各水平自然风压影响规律分析

根据现有通风系统各水平进回风情况，现将各水平通风系统进行简化，如图 4.4～图 4.9 所示。

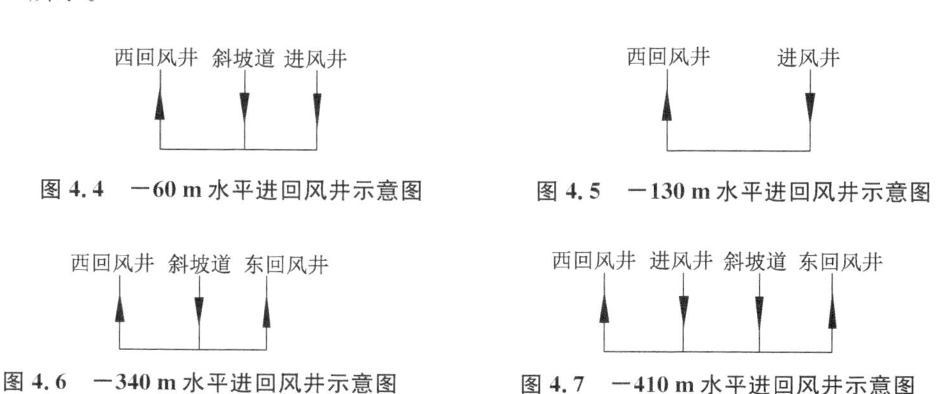

图 4.4　−60 m 水平进回风井示意图

图 4.5　−130 m 水平进回风井示意图

图 4.6　−340 m 水平进回风井示意图

图 4.7　−410 m 水平进回风井示意图

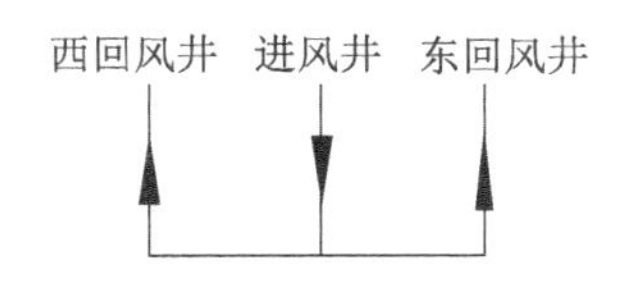

图 4.8　−430 m 水平进回风井示意图

图 4.9　−601 m 水平进回风井示意图

1）−601 m 水平

−601 m 水平为矿井最低水平，连接该水平的风井是副井和主井，−601 m 水平存在着副井进风、主井回风这条线路上的自然风压，在此把副井→−601 m 水平→主井定为线路 1。该水平所受的外部自然风压如表 4.2 所示。

表 4.2　−601 m 水平自然风压

线路	春季 H_N/Pa	夏季 H_N/Pa	冬季 H_N/Pa
线路 1	−19.58	−69.86	81.53

2）−430 m 水平

对于−430 m 水平，从图 4.8 中可以看出，西回风井、进风井、东回风井与之相连通，同时三个风井的最低点也位于−430 m 水平。存在两条线路的自然风压：在此把进风井→−430 m 水平→东回风井定为线路 2，进风井→−430 m 水平→西回风井定为线路 3。该水平所受的外部自然风压如表 4.3 所示。

表 4.3　−430 m 水平自然风压

线路	春季 H_N/Pa	夏季 H_N/Pa	冬季 H_N/Pa
线路 2	47.81	−33.31	157.93
线路 3	38.53	−17.55	156.65

u—v 段和 t—u 段还会受到西回风井和东回风井之间产生的局部自然风压的影响，即第 3 章 1 进 2 回的矿井通风方式中所得到的结论：$H_{N13}=H_{N23}-H_{N21}$。

3）−410 m 水平

−410 m 水平主要是进风井进风，西回风井和东回风井回风，存在两条线路的自然风压：在此把进风井→−410 m 水平→东回风井定为线路 4，进风井→−410 m 水平→西回风井定为线路 5。该水平所受的外部自然风压如表 4.4 所示。

表 4.4　−410 m 水平自然风压

线路	春季 H_N/Pa	夏季 H_N/Pa	冬季 H_N/Pa
线路 4	46	−56.87	138.88
线路 5	40.49	−43.03	85

4）－340 m 水平

－340 m 水平主要是进风井进风，西回风井和东回风井回风，存在两条线路的自然风压：在此把进风井→－340 m 水平→东回风井定为线路 6，进风井→－340 m 水平→西回风井定为线路 7。该水平所受的外部自然风压如表 4.5 所示。

表 4.5　－340 m 水平自然风压

线路	春季 H_N/Pa	夏季 H_N/Pa	冬季 H_N/Pa
线路 6	10.51	－25.5	97.77
线路 7	26.75	－11.39	77.63

5）－130 m 水平

－130 m 水平主要是副井、进风井和斜坡道进风，西回风井回风，存在三条线路的自然风压：在此把副井→－130 m 水平→西回风井定为线路 8，进风井→－130 m 水平→西回风井定为线路 9，斜坡道→－130 m 水平→西回风井定为线路 10。该水平所受的外部自然风压如表 4.6 所示。

表 4.6　－130 m 水平自然风压

线路	春季 H_N/Pa	夏季 H_N/Pa	冬季 H_N/Pa
线路 8	14.95	－1.25	35.57
线路 9	18.45	－10.83	27.48
线路 10	19.69	－3.45	12.83

6）－60 m 水平

－60 m 水平主要是副井和进风井进风，西回风井回风，存在两条线路的自然风压：在此把副井→－60 m 水平→西回风井定为线路 11，进风井→－60 m 水平→西回风井为线路 12。该水平所受的外部自然风压如表 4.7 所示。

表 4.7　－60 m 水平自然风压

线路	春季 H_N/Pa	夏季 H_N/Pa	冬季 H_N/Pa
线路 11	2.79	－2.35	31.48
线路 12	3.65	－1.39	8.96

4.2.2　水平间自然风压影响规律分析

将进风井→西回风井和进风井→东回风井中各线路的自然风压值作成折线图，如图 4.10 和图 4.11 所示，据此可得到以下规律：

(1) 冬季和春季各条线路中自然风压值为正，有利于矿井通风，并且冬季的自然风压要高于春季；夏季各条线路中自然风压值为负，阻碍矿井通风。

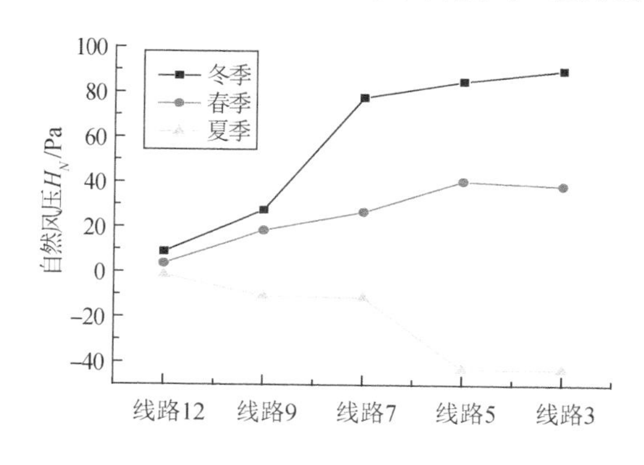

图 4.10 进风井—西回风井线路与自然风压关系图

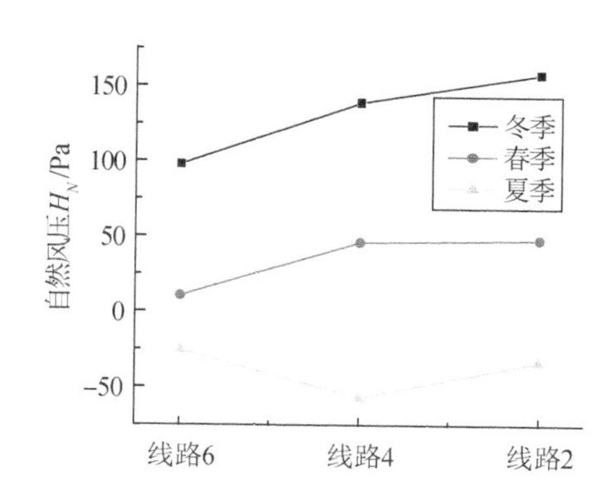

图 4.11 进风井—东回风井线路与自然风压关系图

(2) 各线路所经过的水平越深，自然风压值越大，季节变化时，自然风压影响越大。

表 4.8 水平间局部自然风压

线路	局部自然风压	春季		夏季		冬季	
		数值/Pa	方向	数值/Pa	方向	数值/Pa	方向
线路一	H_{N12}	−24.96	顺时针	23.56	逆时针	19.05	逆时针
	H_{N13}	37.3	逆时针	−7.81	顺时针	60.16	逆时针
	H_{N23}	62.26	逆时针	−31.37	顺时针	41.11	逆时针
线路二	H_{N12}	−1.96	顺时针	25.48	逆时针	71.62	逆时针
	H_{N13}	11.78	逆时针	−6.16	顺时针	79.02	逆时针
	H_{N14}	20.08	逆时针	−6.72	顺时针	129.17	逆时针
	H_{N15}	34.88	逆时针	−16.16	顺时针	147.69	逆时针
	H_{N23}	13.74	逆时针	−31.64	顺时针	7.37	逆时针
	H_{N24}	22.04	逆时针	−32.2	顺时针	57.52	逆时针
	H_{N25}	36.84	逆时针	−41.64	顺时针	76.04	逆时针
	H_{N34}	8.3	逆时针	−0.56	顺时针	50.15	逆时针
	H_{N35}	23.1	逆时针	−10	顺时针	68.67	逆时针
	H_{N45}	14.8	逆时针	−9.44	顺时针	18.52	逆时针

表 4.9 进回风井间局部自然风压

水平	局部自然风压	春季		夏季		冬季	
		数值/Pa	方向	数值/Pa	方向	数值/Pa	方向
−430 m 水平	$H_{NAF}=H_{NCF}-H_{NCA}$	9.28	$A\rightarrow F$	−15.76	$F\rightarrow A$	1.28	$A\rightarrow F$
−410 m 水平	$H_{NAF}=H_{NCF}-H_{NCA}$	32.28	$A\rightarrow F$	−13.84	$F\rightarrow A$	53.88	$A\rightarrow F$
−340 m 水平	$H_{NAF}=H_{NCF}-H_{NCA}$	−16.24	$A\rightarrow F$	−14.11	$F\rightarrow A$	20.14	$A\rightarrow F$
−130 m 水平	$H_{NBC}=H_{NBA}-H_{NCA}$	1.24	$B\rightarrow C$	7.38	$B\rightarrow C$	−14.65	$C\rightarrow B$
	$H_{NBE}=H_{NBA}-H_{NEA}$	4.74	$B\rightarrow E$	−2.2	$E\rightarrow B$	−22.74	$E\rightarrow B$
	$H_{NCE}=H_{NCA}-H_{NEA}$	3.5	$C\rightarrow E$	−9.58	$E\rightarrow C$	−8.09	$E\rightarrow C$
−60 m 水平	$H_{NCE}=H_{NCA}-H_{NEA}$	0.86	$C\rightarrow E$	0.96	$C\rightarrow E$	−22.52	$E\rightarrow C$

注：线路一为进风井—东风井，线路二为进风井—西风井。

4.3 多水平自然风压影响数值模拟

针对某金属矿山采场布置方式，考虑自然风压影响，采用计算流体动力学（CFD）方法，利用 FLUENT 软件对采场中段风流流场分布和运动规律进行模拟；在对模拟结果分析的基础上，研究自然风压对中段通风的影响。其数值模拟流程如图 4.12 所示。

4.3.1 模型建立

结合某金属矿山通风系统可知，中段采场通风从进风井进风，从回风井回风，风流经穿脉进入出矿巷道，经穿脉进入采场（凿岩巷道），部分风流经穿脉进入天井，进入采场，冲洗采场后由天井到达中段回风巷道，然后回到风井石门，经风井排出地表。

部分风流从进风井进入石门，然后经沿脉巷道、穿脉巷道进入回风井，排出地表，少量风流将沿矿房中间的溜井或天井到达上一水平。

模拟过程中，主要考虑不同温度下，中段通风的风流变化，作如下假设：

（1）空气巷道空间的运动是一个三维运动过程，在进回风口处横截面或周向截面各个参数相等；

（2）巷道空间气流的运动过程中无外界能量损失；

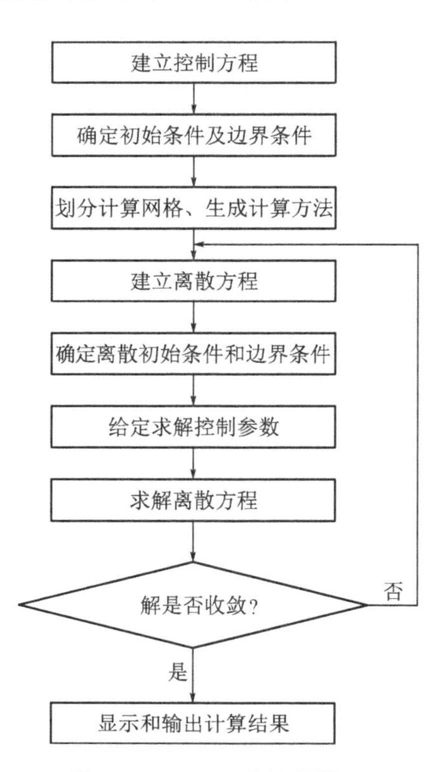

图 4.12 CFD 工作流程图

(3) 风流自然分风；

(4) 考虑 Soret 效应(温度梯度引起的质量扩散)和 Dufour 效应(浓度梯度引起的热传递)；

(5) 巷道壁面摩擦阻力影响可以忽略。

4.3.2　几何及模型

建立中段采场的三维模型，如图 4.13 所示，巷道断面 4 m×3.5 m，矿房长度 240 m，宽度 60 m，层间距 50 m。上水平进风风速 1 m/s，下水平进风风速 3 m/s；回风巷下进风风速 0.5 m/s，回风侧设置为"outflow"。为便于比较，采用三种方案模拟不同温度场条件下的风流运动状况。

方案一：中段内不考虑风温影响，进回风巷风温 300 K(26.85℃)。

方案二：模拟冬季自然风压状况，其中进风侧上水平进风温度设定为 280 K(6.85℃)，下水平进风温度设定为 285 K(11.85℃)；回风侧温度设定为 295 K(21.85℃)。

方案三：模拟夏季自然风压状况，其中进风侧上水平进风温度设定为 310 K(36.85℃)，下水平进风温度设定为 305 K(31.85℃)；回风侧温度设定为 295 K(21.85℃)。

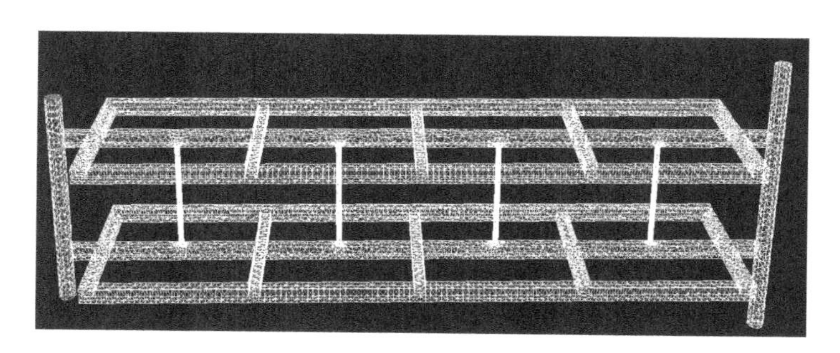

图 4.13　锚喷巷道三维模型

4.3.3　气流运动微分方程

为便于研究，气流运动规律是以质量守恒定律、动量守恒定律和能量守恒定律三个定律为基础的。

1) 质量守恒方程

所有的流体都要遵循质量守恒定律。这一定律可表达为：在单位时间范围内，流体微元体中质量的增量与同一时间范围内流入该微元体的净质量相等。根据这个定律，我们可以得到质量守恒方程(mass conservation equation)：

$$\frac{\partial \rho}{\partial t}+\frac{\partial(\rho u)}{\partial t}+\frac{\partial(\rho v)}{\partial t}+\frac{\partial(\rho w)}{\partial t}=0 \tag{4.1}$$

引入矢量符号 $\mathrm{div}(\vec{a})=\partial a_x/\partial x+\partial a_y/\partial y+\partial a_z/\partial z$，式(4.1)写成：

$$\frac{\partial \rho}{\partial t}+\mathrm{div}(\rho\vec{u})=0 \tag{4.2}$$

2) 动量守恒方程

动量守恒方程也是一个基本方程，所有的流体体系中都必须满足它。这一定律可以表示为：在一个微元体内，流体的动量随时间变化的速率与外部作用在该微元体上的所有力的总和相等。这一定律其实就是牛顿第二定律。根据这个定律，就能推导出在 x，y，z 三个方向上的动量守恒方程(momentum conservation equation)：

$$\frac{\partial(\rho u)}{\partial t}+\mathrm{div}(\rho u\vec{u})=\frac{\partial p}{\partial x}+\frac{\partial \tau_{xx}}{\partial x}+\frac{\partial \tau_{yx}}{\partial y}+\frac{\partial \tau_{zx}}{\partial z}+F_x \tag{4.3a}$$

$$\frac{\partial(\rho v)}{\partial t}+\mathrm{div}(\rho v\vec{u})=\frac{\partial p}{\partial y}+\frac{\partial \tau_{xy}}{\partial x}+\frac{\partial \tau_{yy}}{\partial y}+\frac{\partial \tau_{zy}}{\partial z}+F_y \tag{4.3b}$$

$$\frac{\partial(\rho w)}{\partial t}+\mathrm{div}(\rho w\vec{u})=\frac{\partial p}{\partial z}+\frac{\partial \tau_{xz}}{\partial x}+\frac{\partial \tau_{yz}}{\partial y}+\frac{\partial \tau_{zz}}{\partial z}+F_z \tag{4.3c}$$

式中 p——流体微元体上的压力，$\mathrm{N/m^2}$；

τ_{xx}，τ_{xy}，τ_{xz} 等——因分子黏性作用而产生的作用在微元体表面上的黏性应力 τ 的分量，$\mathrm{N\cdot s/m^2}$；

F_x，F_y，F_z——微元体上的压力，N。若微元体上的压力只有重力，且 z 轴竖直向上，则 $F_x=0$，$F_y=0$，$F_z=-\rho g$。

3) 能量守恒方程

包含有热交换的流动系统必须满足能量守恒定律这一基本定律。该定律可表述为：微元体中能量的增加率等于进入微元体的净热流量加上外力对微元体所做的功，该定律实际是热力学第一定律。

流体能量 E 通常是内能 i、动能 $K=\frac{1}{2}(U^2+V^2+W^2)$ 和势能 P 三项之和，针对总能量 E 建立能量守恒方程。从该能量守恒方程中扣除动能的变化，从而得到关于内能 i 的守恒方程。由内能 i 与温度 T 之间的关系式 $i=c_pT$(其中 c_p 是比热容)得到以温度 T 为变量的能量守恒方程(energy conservation equation)：

$$\frac{\partial(\rho T)}{\partial t}+\mathrm{div}(\rho\vec{U}T)=\mathrm{div}\left(\frac{k}{c_p}\mathrm{grad}\,T\right)+S_T \tag{4.4}$$

式(4.4)可以写成展开形式：

$$\frac{\partial(\rho T)}{\partial t}+\frac{\partial(\rho UT)}{\partial x}+\frac{\partial(\rho VT)}{\partial y}+\frac{\partial(\rho WT)}{\partial z}$$
$$=\frac{\partial}{\partial x}\left(\frac{k}{c_p}\frac{\partial T}{\partial x}\right)+\frac{\partial}{\partial y}\left(\frac{k}{c_p}\frac{\partial T}{\partial y}\right)+\frac{\partial}{\partial z}\left(\frac{k}{c_p}\frac{\partial T}{\partial z}\right)+S_T \tag{4.5}$$

式中，S_T 为流体的内热源及由于黏性作用流体机械能转换为热能的部分。虽然热能方程是流体流动与传热问题的基本控制方程，但对于本书所研究的可压缩流动，由于热交换量很小，可在控制方程中不考虑能量守恒方程。

4.3.4 控制方程的数值计算方法

对于上述描述流体运动规律的复杂偏微分方程，只能针对少量简单的流动现象导出其精确解(又称分析解)，而具有工程实际意义的流动问题，需要运用数值计算方法来求解。流动问题的数值计算首先要做的就是区域离散化，也就是将空间上一个连续的计算区域分成若干个子域，然后在子域内确定各区域内的节点，这个过程就是网格生成。在生成了网格之后，需要对控制方程进行离散化，即将描写流动的偏微分方程转化为各个节点上的代数方程组。

常用的数值计算方法可分为两大类：一类是基于场的观点及离散模型方程，对流场进行计算。离散化方法有流函数涡量方法、有限差分法、有限分析方法、有限元法、有限体积法(finite volume method)及谱方法。另一类是直接追踪流体质点运动的方法，如涡方法。使用最广的一般为有限差分、有限元和有限体积法。本研究采用有限体积法对所建模型进行计算，现对有限体积法介绍如下：

有限体积法又称控制容积法。在流体力学中，许多基本方程都可以写作守恒型方程。直接用积分方法按照守恒原理对微分方程进行离散的方法称为有限体积法，它的基本思想是使微分方程在力学上所反映的守恒性质在离散化时仍保留。

有限体积法的具体做法是将计算区域划分为一系列不重复的控制体积，每个控制体积都有一个节点作代表，将待解的微分方程对每一个控制体积积分导出离散方程，节点上各量之间的关系通过微分方程在控制体积上的积分得到。在所推导的离散方程中，必须假定界面上的被求函数自身和它的一阶导数的构造，而构造的方法是采用有限体积法中的离散格式。对离散方法而言，有限体积法可视作有限元法和有限差分法的中间物。有限元法必须假定值在网格节点之间的变化规律(即插值函数)，并将其作为近似解。有限差分法只考虑网格节点上的数值而不考虑值在网格节点间的变化。有限体积法只寻求节点值，这与有限差分法相似，但有限体积法在寻求控制体积的积分时，必须假定值在网格节点之间的变化，这又与有限元法相似。在有限体积法中，插值函数只被用来计算控制容积的积分，在得出离散方程之后，就可以忘记插值函数，如果需要，还可以对微分方程中不同的项采取不同的插值函数。

有限体积法的优点是可方便地应用于任意形状的网格，适宜进行输运量的计算；缺点为精度较低。目前雷诺平均方程的计算大多采用有限体积法离散，有限体积法导出的离散方程可以保证具有守恒特性，而且离散方程系数的物理意义明确，同时继承了有限差分法的丰富格式，能像有限元法那样采用各种形式的网格以适应复杂的边界几何形状，却比有限元法简便得多，因此目前国际上著名的流动与传热问题的商用软件（PHOENICS，FLUENT，STAR-CD，ANSYS CFX，FLOW-3D 等）都是以有限体积法为基础发展起来的。

4.3.5 网格划分

数值模拟先要对计算区域进行离散化，即对空间上连续的计算区域进行剖分，把它划分成多个互不重叠的子区域，并确定每个区域中的节点位置及该节点所代表的控制容积，这一过程称为网格生成，即网格划分。

计算网格有结构化网格和非结构化网格之分。结构化网格是指网格中各节点的序列号在空间上有一定的对应关系，因而，网格中的序列号也就是网格计算空间中的逻辑坐标。结构化网格分为正交与非正交两种。其中，正交网格中各簇网格线两两垂直，是最难划分的网格，对物理域的形状有严格的要求，同时其适用范围也受到了极大的限制。由于受到空间位置之间相关性的约束，结构化网格的形状也必须规整，一般为四边形（或六面体）。非结构化网格则是指各网格节点的序列号与其空间位置之间没有任何对应关系，节点序列号仅仅是存储时的编号而已。这类网格的形状很任意，在二维的情况下可以是三角形、四边形或二者都有，三维的情况下可以是六面体、四面体、金字塔形、三棱柱形或这些形式的组合，如图 4.14 所示。非结构化网格可以应用于各种复杂结构，但其求解的精度要比结构化网格（尤其是正交网格）低。

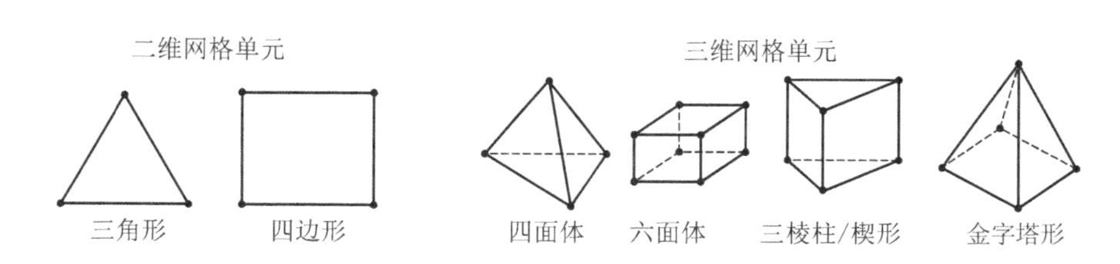

图 4.14　网格单元类型

4.3.6 求解计算

1）计算方法

本研究选用了 FLUENT 的隐式非耦合分离求解器，分离求解器使用的是基于控制容积的方法，采用 SIMPLE 算法，动量方程采用二阶 QUICK 格式。

（1）使用计算网格将计算区域分离为不连续的控制容积。

(2) 综合单个控制容积的控制方程来建立离散的非独立变量(未知的,如速度、压力、温度等)的代数方程。

(3) 离散方程的线性化和线性方程组的求解,产生了非独立变量的最新值。

分离求解器是连续地求解连续性方程、动量方程、能量方程以及湍流方程。也就是说在求解时,一个方程与另一个方程是相互独立的。因为控制方程是非线性的,在获得一个收敛的结果前,肯定需要进行几次求解迭代。

2) 计算过程

(1) 选择求解器及求解模型

将上述计算网格输入 FLUENT 隐式非耦合分离求解器,在检查确认没有负网格后选择求解模型。巷道内粉尘运动的模拟计算应用湍流流动模型,联立连续性方程、动量方程、k 方程以及 ε 方程共同积分求解;模拟计算采用两相流中离散相颗粒运动模型,通过对颗粒力平衡方程的积分来求解。

(2) 确定初始条件及材料物性

初始条件就是给出某一初始时刻的速度、压力、密度、温度等,通常由实验给出或根据经验人为给定。尽管初始条件不影响最终的稳态流场,但如果初始条件过小,不但会增加计算时间,而且会造成过大的振荡,导致计算发散。初始条件的确定直接影响偏微分方程组的解是否收敛于原物理问题。定义初始的速度、湍动能以及湍动能耗散率等,其取值取决于研究对象的具体情况。

(3) 求解控制参数及离散方法

① 由于被求解的方程是非线性的,一个变量的值依赖于其他变量的值,为了求解的稳定性,使用欠松弛因子可以使两次迭代值之间的变化减小。分离求解器使用欠松弛因子来控制计算变量在每次迭代的更新值。各个取值在不同的情况下可根据具体的情况来确定(均小于 1),目的是在能获得收敛解的情况下,尽可能加快收敛。也可在计算过程中更改松弛因子的值,对计算的最终结果没有影响。

② FLUENT 使用基于控制容积的技术,将控制方程转化为能够进行数值求解的代数方程组。控制容积技术是关于每个控制容积的控制方程的一体化,生成的离散方程保留了基于控制容积的每个量。

当流动不沿着网格时(如三角形或四面体网格),一般使用二阶迎风对流离散,可以获得较高的求解精度。在稳态时,一般采用 SIMPLE 或 SIMPLEC 方法,本模型中采用 SIMPLE 算法。动量、湍动能以及湍动能耗散率采用二阶迎风对流离散。

(4) 迭代计算

根据上述设定,按照隐式差分格式进行迭代计算直至收敛(残差控制在 10^{-5} 数量级),模拟出自然风压影响的采场风流分布规律。

4.3.7 自然风压影响下的中段采场风流分布规律

根据模型及边界设定条件，中段采场风流模拟结果如图 4.15～图 4.17 所示。局部风流角速度(angular velocity)状况如图 4.18～图 4.20 所示。

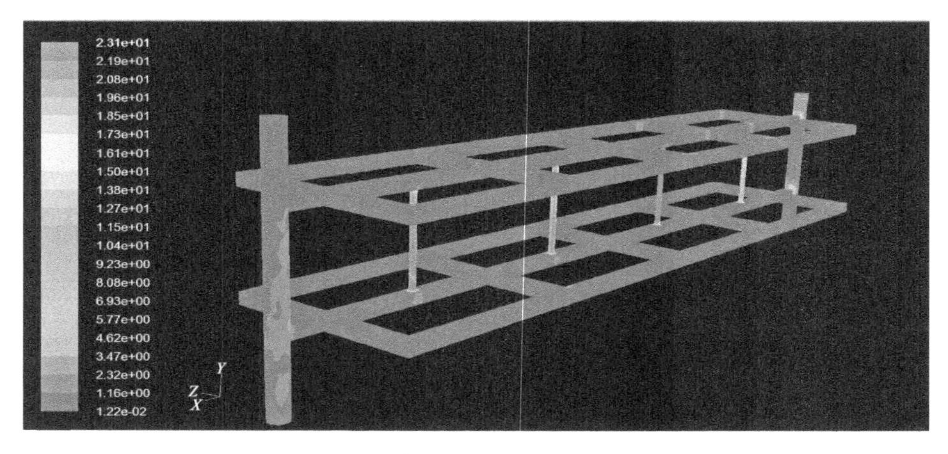

图 4.15　不考虑温度影响中段风流运行规律

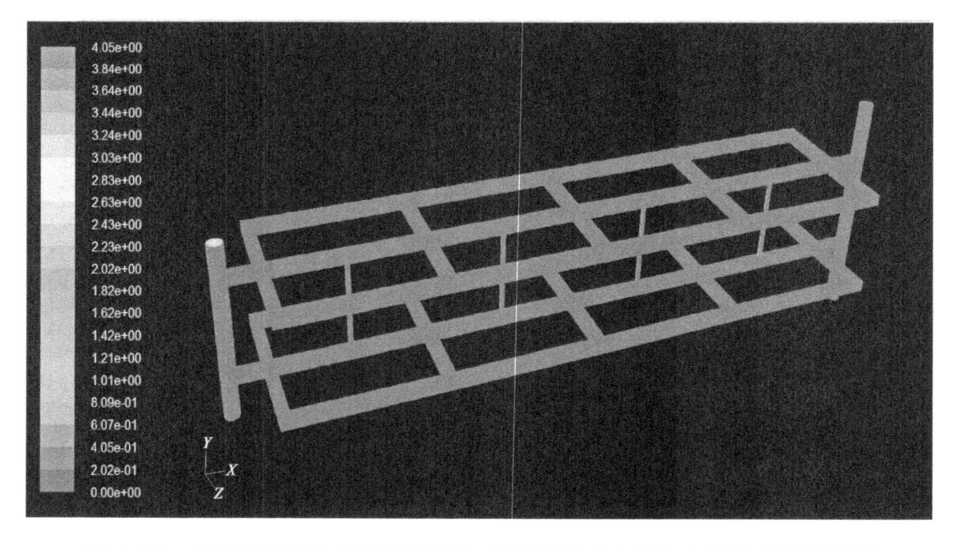

图 4.15～图 4

彩图链接

图 4.16　冬季进风温度低于回风温度，下水平温度高于上水平温度模拟结果

由图 4.15～图 4.17 可以看出，不考虑各水平自然风压影响，流场范围风流变化较小，但回风巷部分风流受下水平采场影响，风速较低，各水平溜井、天井漏风量较小。考虑自然风压后，冬季自然风压对通风影响显著，下水平及回风天井通风风流增大，各水平间漏风量增加；夏季自然风压对该通风系统有明显的阻碍作用，原有的通风系统受自然风压影响，上下水平部分角联分支风路风流不畅，部分区域产生风流停滞现象。从图 4.15 可以看出，下水平受自然风压影响更加明显。

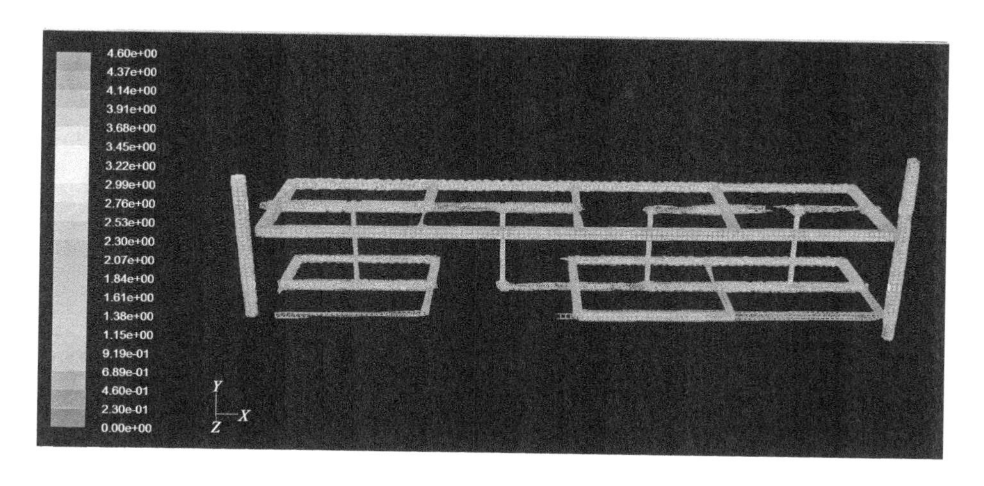

图 4.17　夏季进风温度高于回风温度，下水平温度高于上水平温度模拟结果

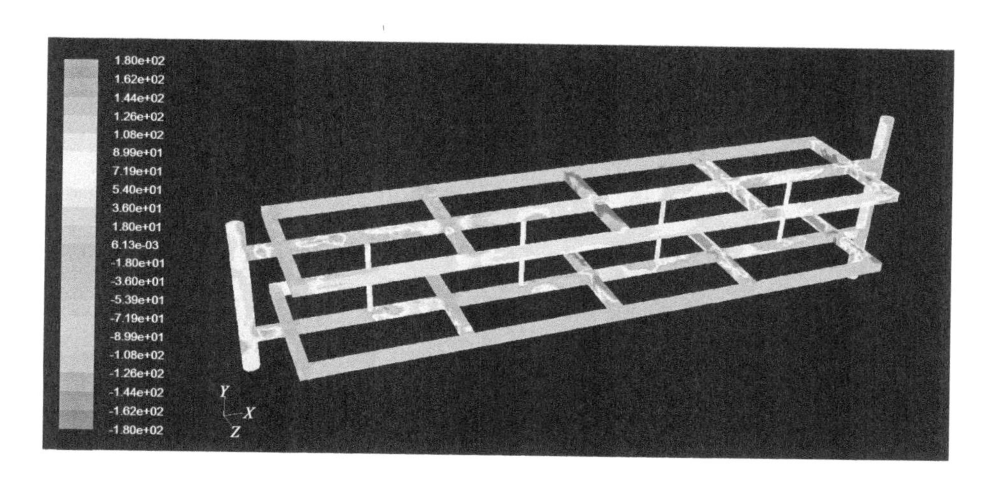

图 4.18　不考虑温度影响角速度分布状况

图 4.19　冬季进风角速度分布状况

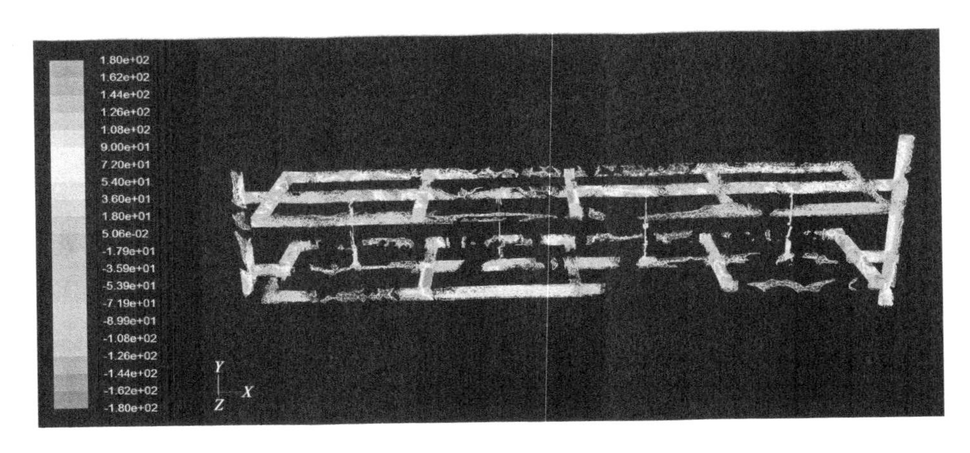

图 4.20 夏季角速度分布状况

由图 4.18～图 4.20 可以看出，无自然风压影响或冬季自然风压对通风系统通风有益时，穿脉巷道受天井、溜井影响，风流角速度在此处较大。夏季自然风压对整个通风系统影响较大，其角速度流场愈发复杂。

由模拟结果可知，自然风压对中段通风影响较大，溜井及天井对各水平分风影响复杂，因此应关注水平自然风压及溜井和天井的漏风状况。

4.4 自然风压对系统稳定性影响分析

在煤矿井下通风系统中，只要某一环节的参数发生改变，就会影响整个系统的工作状况。自然风压对某金属矿山通风系统影响明显，因此需考虑自然风压变化时，风量变化率与矿井通风网络灵敏度的关系。

4.4.1 VENTSIM 三维仿真软件建模

根据矿井各条巷道的长度、标高等数据用 VENTSIM 三维仿真软件按照三维坐标的形式绘制出矿井的三维模型，首先利用矿井通风阻力测定的数据，把矿井每条巷道分支的断面形状、断面积、风阻、长度等参数输入到对应的巷道中，然后再按照风机的风量、风压或风机的特性曲线添加风机，最后进行风流模拟，模拟风流在矿井巷道中的运行情况。模型建立的过程如图 4.21 所示。矿井的三维模型如图 4.22 所示。

4.4.2 分支风量对自然风压灵敏度

网络中不同分支风量对自然风压变化的影响是不同的。风量对自然风压的灵敏度 $S_{Q_i}^{H_N}$ 为：

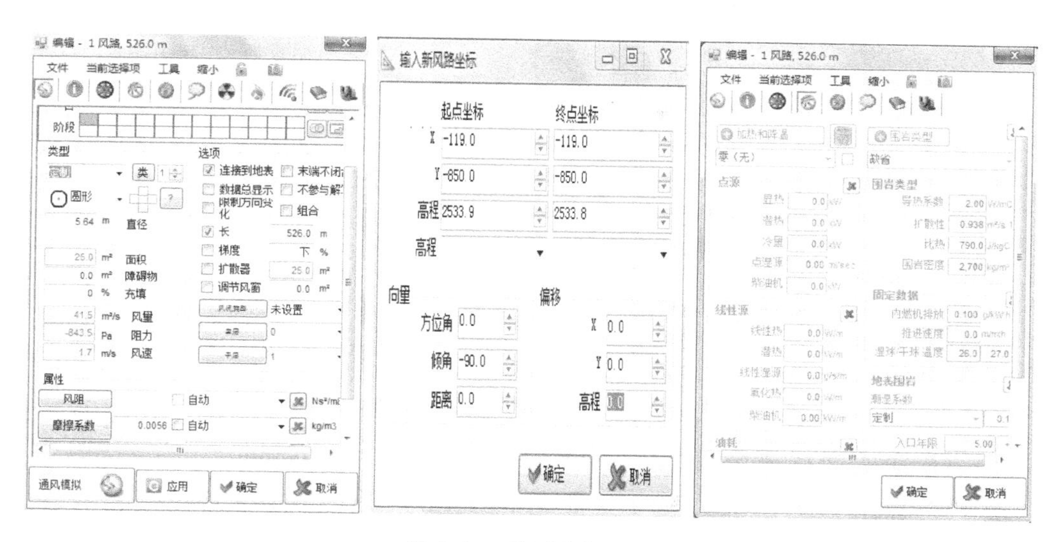

图 4.21　模型参数设定

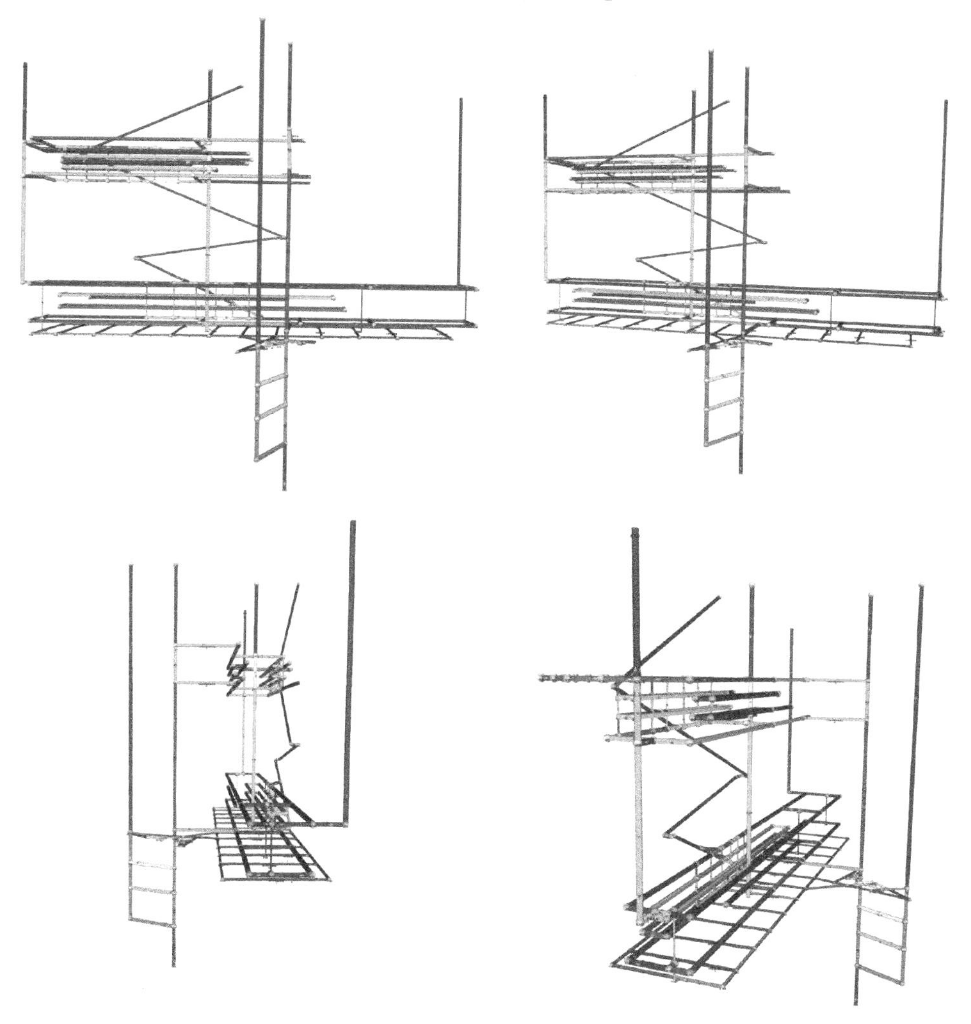

图 4.22　矿井三维模型图

$$S_{Q_i}^{H_N} = \frac{\Delta Q_i / Q_i}{\Delta H_N / H_N} \tag{4.6}$$

式中 H_N ——自然风压；

ΔH_N ——自然风压变化；

Q_i ——风网分支风量；

ΔQ_i ——分支风量变化量。

以春冬两季为样本计算矿井巷道分支对自然风压的灵敏度(春冬两季矿井总风量值差别很小),如表 4.10 所示。由于−430 m 水平进风井到东回风井这条线路所处的位置深、长度长,并且计算得到的自然风压值大,故将该线路的自然风压作为矿井总的自然风压,其中冬季的矿井总的自然风压 $H_{N冬} = 157.93$ Pa,春季的矿井总的自然风压 $H_{N春} = 47.81$ Pa。

表 4.10　矿井巷道分支对自然风压灵敏度统计表

巷道分支	春季 Q /($m^3 \cdot s^{-1}$)	冬季 Q /($m^3 \cdot s^{-1}$)	灵敏度	巷道分支	春季 Q /($m^3 \cdot s^{-1}$)	冬季 Q /($m^3 \cdot s^{-1}$)	灵敏度	巷道分支	春季 Q /($m^3 \cdot s^{-1}$)	冬季 Q /($m^3 \cdot s^{-1}$)	灵敏度
104	0.4	0.6	0.217	706	6	6.8	0.058	1 319	24.4	27.3	0.052
112	0.2	0.3	0.217	1 055	1.5	1.7	0.058	1 214	10.1	11.3	0.052
587	0.2	0.3	0.217	1 056	1.5	1.7	0.058	1 348	26.1	29.2	0.052
767	4	5.4	0.152	1 351	1.5	1.7	0.058	1 322	32	35.8	0.052
973	0.8	1	0.109	1 299	20.3	23	0.058	1 168	116.3	130.1	0.052
827	0.4	0.5	0.109	495	9.8	11.1	0.058	455	41.3	46.2	0.052
830	0.4	0.5	0.109	1 279	9.8	11.1	0.058	1 036	5.9	6.6	0.052
972	0.8	1	0.109	922	18.9	21.4	0.057	217	13.5	15.1	0.052
1 023	0.4	0.5	0.109	1 346	5.3	6	0.057	406	7.6	8.5	0.051
971	3	3.7	0.101	1 133	19.7	22.3	0.057	392	7.6	8.5	0.051
540	1.3	1.6	0.100	552	12.9	14.6	0.057	409	7.6	8.5	0.051
822	11.1	13.5	0.094	1 238	3.8	4.3	0.057	1 050	11	12.3	0.051
812	11.4	13.8	0.092	699	15.3	17.3	0.057	189	92.4	103.3	0.051
821	3.8	4.6	0.092	975	17.6	19.9	0.057	379	5.1	5.7	0.051
882	2.4	2.9	0.091	1 122	23	26	0.057	1 012	5.1	5.7	0.051
885	2.4	2.9	0.091	701	13.8	15.6	0.057	1 034	5.1	5.7	0.051
828	2.9	3.5	0.090	529	16.1	18.2	0.057	348	3.4	3.8	0.051
98	3.4	4.1	0.089	1 242	16.1	18.2	0.057	1 268	1.7	1.9	0.051
831	6.8	8.2	0.089	1 292	35.3	39.9	0.057	845	97.1	108.5	0.051
817	3.4	4.1	0.089	122	15.4	17.4	0.056	432	25.6	28.6	0.051

（续表）

巷道分支	春季 Q /($m^3 \cdot s^{-1}$)	冬季 Q /($m^3 \cdot s^{-1}$)	灵敏度	巷道分支	春季 Q /($m^3 \cdot s^{-1}$)	冬季 Q /($m^3 \cdot s^{-1}$)	灵敏度	巷道分支	春季 Q /($m^3 \cdot s^{-1}$)	冬季 Q /($m^3 \cdot s^{-1}$)	灵敏度
820	3.9	4.7	0.089	690	15.4	17.4	0.056	1 212	51.2	57.2	0.051
472	2.5	3	0.087	1 137	15.4	17.4	0.056	1 156	9.4	10.5	0.051
815	2.5	3	0.087	1 257	15.4	17.4	0.056	480	15.4	17.2	0.051
829	2.5	3	0.087	1 258	15.4	17.4	0.056	430	6	6.7	0.051
974	5	6	0.087	1 259	15.4	17.4	0.056	898	2.6	2.9	0.050
335	1	1.2	0.087	491	5.4	6.1	0.056	896	2.6	2.9	0.050
832	4	4.8	0.087	942	21.6	24.4	0.056	906	2.6	2.9	0.050
207	1.1	1.3	0.079	883	21.6	24.4	0.056	904	2.6	2.9	0.050
910	3	3.5	0.072	371	5.4	6.1	0.056	1 349	3.5	3.9	0.050
354	1.2	1.4	0.072	1 174	5.4	6.1	0.056	1 134	4.4	4.9	0.049
819	0.6	0.7	0.072	1 123	25.5	28.8	0.056	1 248	8.8	9.8	0.049
1 074	1.2	1.4	0.072	1 260	11.6	13.1	0.056	434	25.6	28.5	0.049
1 121	2.4	2.8	0.072	119	6.2	7	0.056	1 289	25.6	28.5	0.049
1 265	9.7	11.3	0.072	945	38.1	43	0.056	446	5.3	5.9	0.049
914	10.5	12.2	0.070	1 291	45.1	50.9	0.056	994	5.3	5.9	0.049
785	2.5	2.9	0.070	150	7	7.9	0.056	493	6.2	6.9	0.049
788	3.8	4.4	0.069	1 170	14	15.8	0.056	856	7.1	7.9	0.049
1 166	1.9	2.2	0.069	664	15.6	17.6	0.056	408	3.6	4	0.048
802	10.2	11.8	0.068	916	11.7	13.2	0.056	407	3.6	4	0.048
1 163	6.4	7.4	0.068	475	8.6	9.7	0.056	841	1.8	2	0.048
206	3.2	3.7	0.068	194	13.3	15	0.056	1 057	1.8	2	0.048
918	7.1	8.2	0.067	380	4.7	5.3	0.055	854	5.4	6	0.048
792	3.9	4.5	0.067	952	10.2	11.5	0.055	900	2.7	3	0.048
782	3.9	4.5	0.067	944	36.9	41.6	0.055	997	2.7	3	0.048
989	1.3	1.5	0.067	1 154	21.2	23.9	0.055	1 145	2.7	3	0.048
1 264	9.8	11.3	0.067	1 307	120.2	135.5	0.055	1 182	5.4	6	0.048
1 267	5.9	6.8	0.066	1 158	16.5	18.6	0.055	1 027	5.6	6.2	0.047
214	3.3	3.8	0.066	866	5.5	6.2	0.055	1 215	2.8	3.1	0.047
931	2	2.3	0.065	702	5.5	6.2	0.055	457	1.9	2.1	0.046
1 028	2	2.3	0.065	1 313	44.8	50.5	0.055	892	2.9	3.2	0.045
292	2.7	3.1	0.064	1 243	33.8	38.1	0.055	1 184	2.9	3.2	0.045

（续表）

巷道分支	春季Q /(m³·s⁻¹)	冬季Q /(m³·s⁻¹)	灵敏度	巷道分支	春季Q /(m³·s⁻¹)	冬季Q /(m³·s⁻¹)	灵敏度	巷道分支	春季Q /(m³·s⁻¹)	冬季Q /(m³·s⁻¹)	灵敏度
1 342	19.6	22.5	0.064	941	11.8	13.3	0.055	341	2	2.2	0.043
789	3.4	3.9	0.064	481	14.2	16	0.055	1 350	2	2.2	0.043
953	4.1	4.7	0.064	536	22.9	25.8	0.055	1 181	2	2.2	0.043
773	17.1	19.6	0.064	1 314	75.2	84.7	0.055	1 183	1	1.1	0.043
1 164	17.1	19.6	0.064	1 216	44.5	50.1	0.055	1 222	1	1.1	0.043
1 341	26.7	30.6	0.063	128	2.4	2.7	0.054	159	3	3.3	0.043
1 078	19.2	22	0.063	216	4.8	5.4	0.054	160	3	3.3	0.043
1 270	121	138.4	0.063	993	2.4	2.7	0.054	871	10.2	11.2	0.043
144	110.3	126.1	0.062	1 185	2.4	2.7	0.054	912	8.2	9	0.042
211	48.2	55.1	0.062	1 229	4.8	5.4	0.054	133	2.1	2.3	0.041
887	48.2	55.1	0.062	894	2.4	2.7	0.054	400	2.1	2.3	0.041
1 179	58.7	67.1	0.062	417	5.6	6.3	0.054	558	2.1	2.3	0.041
932	1.4	1.6	0.062	875	5.6	6.3	0.054	908	2.1	2.3	0.041
1 197	2.8	3.2	0.062	405	4	4.5	0.054	873	3.2	3.5	0.041
1 191	18.2	20.8	0.062	1 032	4	4.5	0.054	869	19.7	21.5	0.040
1 089	3.5	4	0.062	178	3.2	3.6	0.054	709	2.2	2.4	0.040
208	4.2	4.8	0.062	173	3.2	3.6	0.054	1 157	4.4	4.8	0.040
951	4.2	4.8	0.062	1 030	3.2	3.6	0.054	1 169	1.1	1.2	0.040
1 020	23.3	26.6	0.062	177	3.2	3.6	0.054	1 353	1.1	1.2	0.040
212	51.6	58.9	0.061	85	0.8	0.9	0.054	978	2.3	2.5	0.038
1 096	18.4	21	0.061	1 213	7.2	8.1	0.054	1 177	2.3	2.5	0.038
556	16.3	18.6	0.061	1 223	35.3	39.7	0.054	1 343	19.8	21.5	0.037
915	7.1	8.1	0.061	414	16.9	19	0.054	870	9.5	10.3	0.037
1 330	7.1	8.1	0.061	500	17.8	20	0.054	129	2.4	2.6	0.036
928	17.8	20.3	0.061	934	15.4	17.3	0.054	1 014	2.5	2.7	0.035
578	39.9	45.5	0.061	847	7.3	8.2	0.054	1 021	1.4	1.5	0.031
580	39.2	44.7	0.061	1 063	7.3	8.2	0.054	911	6.6	7	0.026
575	40.7	46.4	0.061	1 073	7.3	8.2	0.054	134	2	2.1	0.022
364	5	5.7	0.061	1 217	35.7	40.1	0.054	877	84.5	86.9	0.012
1 061	4.3	4.9	0.061	1 246	17.1	19.2	0.053	876	74.6	76.2	0.009
1 196	20.8	23.7	0.061	1 293	160.8	180.5	0.053	1 332	63.5	64.1	0.004

（续表）

巷道分支	春季 Q /($m^3 \cdot s^{-1}$)	冬季 Q /($m^3 \cdot s^{-1}$)	灵敏度	巷道分支	春季 Q /($m^3 \cdot s^{-1}$)	冬季 Q /($m^3 \cdot s^{-1}$)	灵敏度	巷道分支	春季 Q /($m^3 \cdot s^{-1}$)	冬季 Q /($m^3 \cdot s^{-1}$)	灵敏度
1 178	39.6	45.1	0.060	218	24.5	27.5	0.053	92	0.7	0.7	0.000
95	7.2	8.2	0.060	836	186.6	209.4	0.053	107	0.1	0.1	0.000
158	2.9	3.3	0.060	710	8.2	9.2	0.053	992	0.3	0.3	0.000
853	2.9	3.3	0.060	413	7.4	8.3	0.053	381	0.4	0.4	0.000
1 176	2.9	3.3	0.060	843	7.4	8.3	0.053	884	1.1	1.1	0.000
557	7.3	8.3	0.060	1 315	142.3	159.6	0.053	110	0.1	0.1	0.000
1 175	8.8	10	0.059	982	177.1	198.6	0.053	1 045	0.9	0.9	0.000
1 352	2.2	2.5	0.059	209	3.3	3.7	0.053	1 097	0.6	0.6	0.000
1 140	16.2	18.4	0.059	996	3.3	3.7	0.053	1 210	0.2	0.2	0.000
846	5.9	6.7	0.059	1 019	16.5	18.5	0.053	1 269	0.4	0.4	0.000
543	14.8	16.8	0.059	703	8.3	9.3	0.052	1 331	52.9	52.5	−0.003
1 132	3.7	4.2	0.059	513	15.8	17.7	0.052	1 128	49.6	48.8	−0.007
576	21.6	24.5	0.058	504	7.5	8.4	0.052	1 203	38.7	36.4	−0.026
549	16.4	18.6	0.058	225	2.5	2.8	0.052	1 201	38.7	36.4	−0.026
976	14.2	16.1	0.058	902	2.5	2.8	0.052	1 208	16.4	15.4	−0.027
620	15.7	17.8	0.058	461	25.9	29	0.052	1 211	16.4	15.4	−0.027
727	15.7	17.8	0.058	1 298	15.1	16.9	0.052	1 207	16	15	−0.027
1 114	15.7	17.8	0.058	451	19.3	21.6	0.052	1 200	21.8	20.4	−0.028
1 255	15.7	17.8	0.058	393	156.1	174.7	0.052	824	31.8	26.5	−0.072
1 256	15.7	17.8	0.058	1 033	4.2	4.7	0.052	78	0.3	0.2	−0.145
774	7.5	8.5	0.058	1 247	8.4	9.4	0.052	1 209	0.3	0.2	−0.145
1 031	3	3.4	0.058	878	41.2	46.1	0.052				
387	1.5	1.7	0.058	1 319	24.4	27.3	0.052				

根据图 4.23 可以看出，−430 m 水平东翼及副井与主井之间，−410 m 水平的北岩脉，−340 m 水平的东翼、副井联络巷及东回风井，−130 m 水平的进风井联络巷和西回风井等分支对自然风压敏感度较大。对于这些对自然风压敏感度较大的巷道分支区域，在季节更替时，应该对其进行重点监测，避免因自然风压的作用使这些区域的风流紊乱。

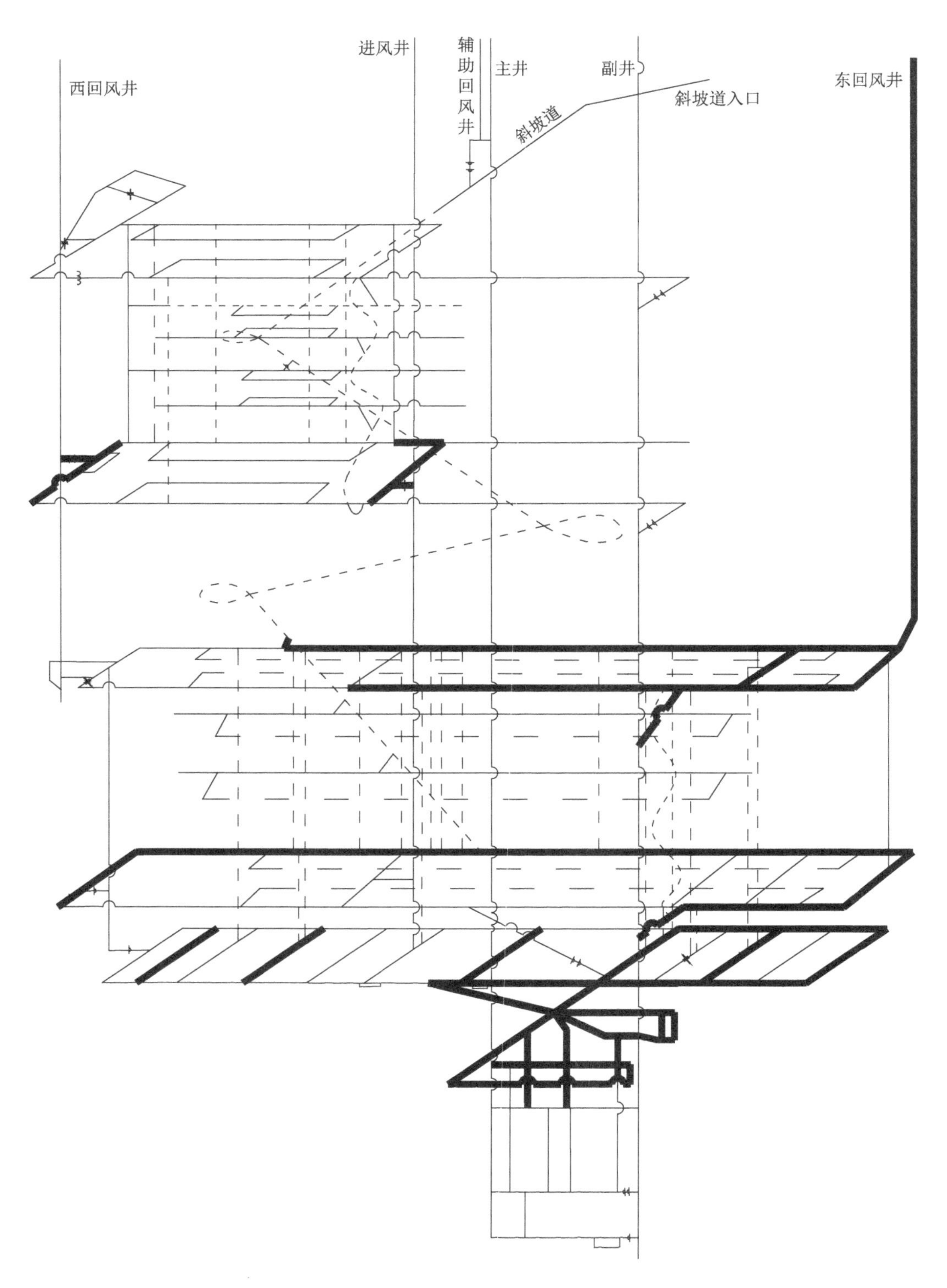

图 4.23　对自然风敏感度大的分支图

根据网络解算出的巷道分支在自然风压变化前后的风量变化情况，我们把风量变化大于 2 m^3/s 的分支找出：822、812、1 299、922、1 133、975、1 122、529、1 242、1 292、1 319、1 348、1 322、1 168、455、189、845、432、942、883、1 123、945、1 291、944、1 154、1 307、1 158、1 313、1 243、1 212、434、1 289、1 342、773、1 164、1 341、1 078、1 270、144、211、887、1 179、1 191、1 020、212、1 096、556、928、578、580、575、1 196、536、1 314、1 216、414、500、1 217、1 246、1 293、1 178、1 140、576、549、620、727、1 114、1 255、1 256、218、836、1 315、982、1 019、461、393、878、1 319、824。把以上的分支标到对应的矿井简图(图 4.24)中，从图中可以一目了然地看到矿井中对自然风压敏感度大的巷道分支。

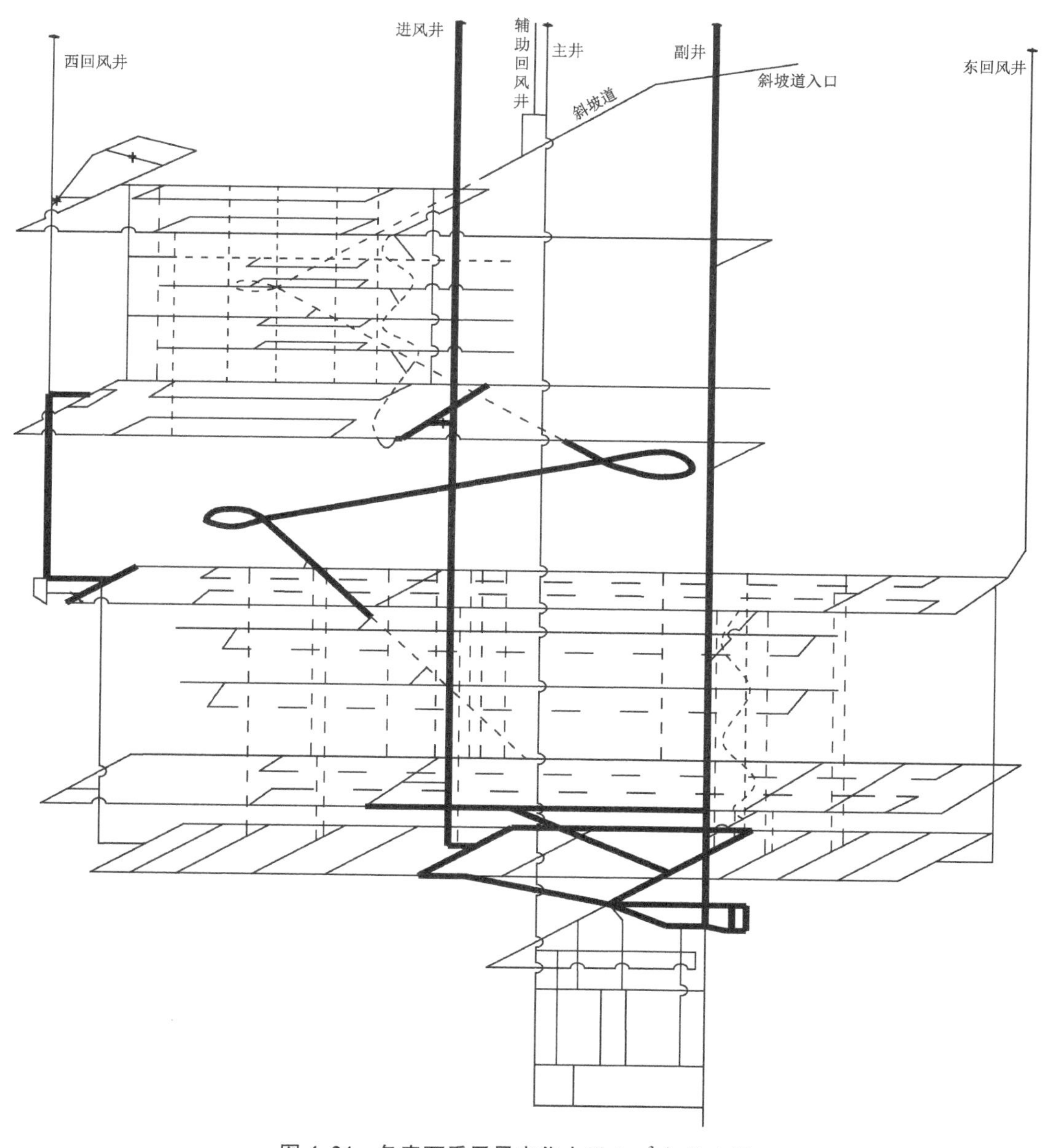

图 4.24　冬春两季风量变化大于 2 m^3/s 分支图

根据图 4.24 可知，副井、进风井、副井和进风井在－430 m 水平之间部分、西回风井和斜坡道在－130 m 水平和－340 m 水平之间部分、－130 m 水平 3 号穿脉巷道及与进风井之间的联络巷部分的分支受自然风压变化影响较大。在季节变化时，应该对这些受自然风压变化影响较大的巷道分支区域进行特殊的管理。

4.4.3 三季节自然通风作用模拟

使用 VENTSIM 三维仿真软件对在不同的季节、在各种不同的情况下的矿井通风系统进行网络解算，分别进行了在冬夏春三个季节条件下，自然风压单独作用、自然风压与风机联合作用、风机单独作用三种情况的解算，自然风压对通风效果的影响是很明显的，主要结果见表 4.11。

表 4.11 网络解算主要巷道风量

地段	自然风压单独作用/($m^3 \cdot s^{-1}$)			自然风压与风机联合作用/($m^3 \cdot s^{-1}$)			风机单独作用/($m^3 \cdot s^{-1}$)
	冬季	夏季	春季	冬季	夏季	春季	
－60 m 水平西回风	5.3	－2.3	2.9	14.8	9.7	12.6	10.3
－130 m 水平西回风	12.1	－8.9	1.5	33.2	22	25.7	23.4
－340 m 水平西回风	49.5	－13.3	22.6	136.3	115.4	128.3	124.4
－410 m 水平西回风	19.2	－4.8	8.7	33.6	29.4	31.4	30.9
－430 m 水平西回风	7.2	－3.2	2.8	13.8	9.2	11.2	11.3

4.5 某金属矿山自然风压特点及应用

自然风压的存在可以帮助矿井提高经济效益，助力于通风机，但也可能是引起事故的主要原因，所以充分利用与控制好自然风压是很重要的。根据矿山生产作业实际情况可看出：

(1) 在单一的自然风压影响下，每个季节的总进风量都不够大，无法满足矿井的正常生产需要；

(2) 在风机独立运行时，总的进风量可以满足矿井生产需风量；

(3) 自然风压与风机联合作用下，冬季进风量充足，而夏季总进风量不足。

在此基础上，根据不同季节的自然风压对矿井通风效果的影响，并结合矿井的实际情况，就如何合理地利用和控制自然风压，提出了一些具体的措施：

(1) 在不同季节、不同时间段井下开采作业的过程中，要将自然风压的影响因素考虑进去，对通风机的工作时间进行合理设定，通过调节风机叶片安装角或降低转速，来适时地调整风机的工况点，在正常运转的同时，尽可能地利用自然风压来帮助矿井通风；

(2) 在夏季矿井工作中，一方面要保证主扇的正常运转，另一方面在进风平窿口处装设矿用空气幕，以增大总进风量，控制自然风压的反作用；

(3) 在春季和秋季矿井工作中，根据现场不同时段的气温变化情况，采用合理的空气幕布置方法，使风机进行有效的通风；

(4) 对某金属矿山的矿井通风进行强化疏导，使得各个分支的通风系统彼此之间能够相互独立，从而提高系统的风量，改变矿井风机的工况曲线，改善通风系统的现状；

(5) 对某金属矿山自然风压影响区域应加强日常监管并针对自然风压问题采取针对性措施。

第5章 自然风压及爆破节能变频通风技术研究

5.1 爆破通风技术特点分析

金属矿山在爆破作业时会产生炮烟，工人需等待一定时间排烟后才能进入工作面以免受炮烟危害。风流对采场中炮烟的作用过程，既不像活塞排气那样是进行单纯的排出运动，也不像在密闭空间那样进行单纯的稀释作用，而是稀释、排出两种作用都有，并且是边稀释、边排出。而且排烟速度、排烟效果与通风方式有关系。

爆破作业场所形状对风流排出烟尘也有一定影响。在巷道型工作面，风速在巷道横截面上分布不均匀，使含有烟尘的风流产生纵向的运移和横向的扩散，并逐渐被稀释和排出。故风流对炮烟及粉尘的作用以排出为主、稀释为辅，但并不是在工作面空间稀释到一定程度后再排出，而是一边排出一边稀释。硐室型工作面的风流是一种紊流射流，其主风流只通过硐室的部分空间，而其余空间则借助紊流扩散作用，使烟尘逐渐被稀释和排出。实践证明不管工作面是巷道型还是硐室型，只要风速达到 0.15 m/s 以上，风流就能在全断面上稳定地流动，就起到了排出烟尘的作用，风速越大、排出越快。因此，《地下矿通风技术规范》根据排尘、排烟需要，以及我国矿山生产作业实际情况，规定了上述最低风速要求。生产实践证明，工作面实际风速如能达到这一要求，那么排尘、排烟效果均比较好。

除了通风方式以外，排尘、排烟效果还与采场密闭状况及漏风程度有关。一般来说，漏风少的采场排烟效果好、速度快；漏风多的采场，由于漏风的影响，排烟效果要差一些，通风时间就要长一些。因此，要准确计算排烟所需时间是比较困难的，生产实践中只有利用排尘风量对爆后采场进行连续的通风换气，直至将炮烟排至允许浓度才恢复作业。进入采场作业之前，要检测一氧化碳和氮氧化物的浓度，如不合格则应继续通风，直至合格才能进入作业。

5.2 矿井主要爆破排风量计算

5.2.1 巷道型采场爆破后通风

1) 炮烟抛出带的通风

巷道型工作面爆破后，在 *acfd* 区间充满一定浓度的有毒气体和粉尘[图 5.1(a)]，该区间称为炮烟抛出带。有毒气体和粉尘在巷道风流的影响下，沿风流的运动方向，向前方推进。在巷道横截面上，风流分布的不均匀性使得沿巷道轴线方向的风速较大，烟尘也会运动较快。靠近巷道边壁，风速较低，烟尘运动慢。经一定通风时间后，炮烟抛出带 $acfd$ 发生变形，形成 $abcfed$ 区间[图 5.1(b)]。此时，不同断面上烟尘的平均浓度发生变化。这种断面风速分布不均匀，使烟尘区发生变形，并使烟尘平均浓度发生变化的过程称为紊流变形过程。

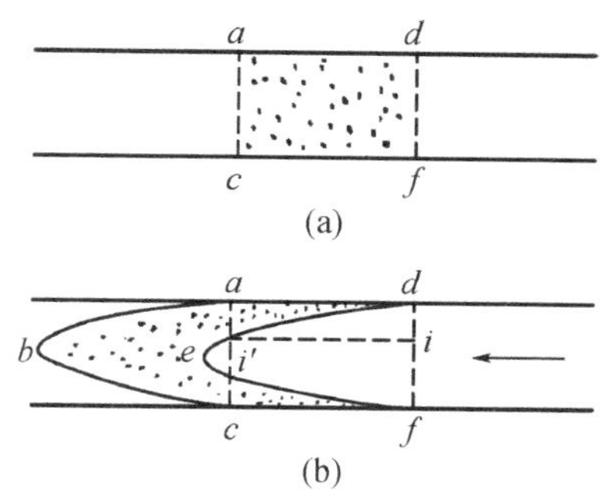

图 5.1 巷道型采场炮烟抛出带通风过程示意图

为了对巷道型采场炮烟抛出带内的排烟过程作进一步分析，有如下假定：

(1) 沿巷道长度风流稳定，各不同截面上风速分布相似；

(2) 风流的紊流扩散效应相对于紊流变形作用来说是微不足道的，可以忽略不计；

(3) 巷道断面为圆形。

爆破后炮烟的初始浓度为 C_0：

$$C_0 = \frac{Ab}{V_g} \tag{5.1}$$

式中 A ——1 次爆破的炸药量，kg；

b ——每千克炸药爆破后产生的有毒气体量，$b = 0.1\ \mathrm{m^3/kg}$；

V_g ——炮烟抛出带的空间体积，$\mathrm{m^3}$。

经 t 时间后，炮烟抛出带末断面的炮烟浓度若达到安全浓度，则该区段全部达到安全要求。在连续通风情况下，可取 $C = 0.0002$，得如下经验公式：

$$I = 18\sqrt{\frac{A}{V_g}} \quad 或 \quad Q = \frac{18}{t}\sqrt{AV_g} \tag{5.2}$$

式中 t ——通风时间，s。C 为爆破后炮烟的初始浓度，I 为空气交换倍数。

2) 全巷道通风过程及风量计算方法

当巷道型采场的回风道中有人员通行或作业，这部分巷道中的烟尘浓度也必须达到安全要求后，才算全巷道通风完好，才允许人员进入。如图 5.2 所示，$acfd$ 区间为炮烟抛出带，$acnm$ 区间为工作面下风侧回风巷道需要通风的区域(通常包括回风天井或其他有人员通行或作业的回风道)。整个 $dfnm$ 区间为全巷道通风空间。在 $acnm$ 区间取任一断面 i，在 i 断面上炮烟变形区的内边界上有一点 i'_1，该点是由 df 断面上 i_1 点移动而来，走行的路程为 l_1。在炮烟变形区的外边界上有一点 i'_2，该点是由 ac 断面上 i_2 点移动而来，走行的路程为 l_2。

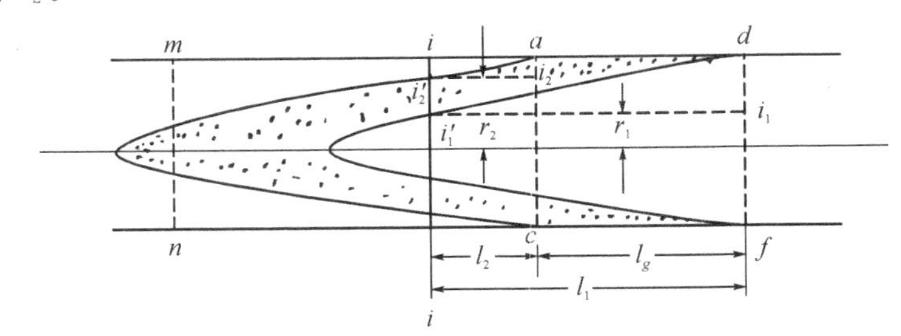

图 5.2 全巷道烟尘排出过程示意图

得如下经验公式：

$$Q=\frac{25.5}{t}\sqrt{AV_1} \tag{5.3}$$

由上述分析可知，巷道型采场所需风量大小，主要取决于 1 次爆破炸药量 A、通风空间体积 V_1 和通风时间 t。通风空间越大，所需风量越多。因此，全巷道通风所需风量大于炮烟抛出带所需风量。

5.2.2 硐室型采场爆破后通风

根据目前常用的沃洛宁硐室通风理论可知，当硐室供风巷道尺寸远小于硐室空间尺寸时，由供风巷道流出的风流会以射流状态进入硐室空间，其风流状况如图 5.3 所示。

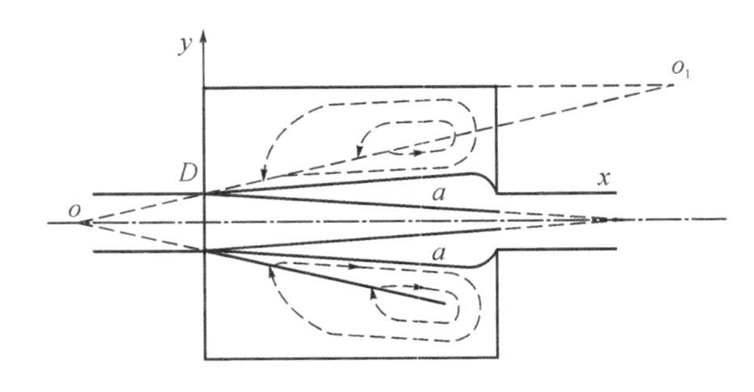

图 5.3 硐室型采场的风流状况

通过紊流射流的紊流扩散效应，实现了硐室型采场中有毒气体和粉尘的排出和稀释。本书中的紊流扩散效应，包含了紊流射流及二次诱导射流所发生的全部紊流交换过程。紊流射流在发展时，会产生较强的横向移动，在射流体的边缘，横向移动的气体微团与硐室空间中的气体相掺混。二次诱导射流使得硐室空间内的污浊气体向射流体中流动,并与射流体进行了剧烈的质量交换,这是硐室中紊流扩散作用的重要机理。

在硐室型采场中,爆炸生成的有毒气体、粉尘充斥着整个硐室空间。新鲜风流流入硐室后,在射流初始断面上(即硐室的入风口处),未被污染的风流仍属新鲜风流。随着射流继续向前运动,紊流扩散效应使得射流体内的烟尘浓度不断增加。

5.2.3　独头巷道爆破后通风

压入式通风过程的完成,应以整个巷道任一地点的烟尘浓度降到允许含量为标志。独头巷道的通风包括两个区段:一个为工作面区,即炮烟抛出带;另一个为整个独头巷道。沃洛宁对独头巷道压入式通风过程的分析中认为,工作面区的烟尘排出过程是紊流扩散过程,巷道中的烟尘排出过程属于紊流变形过程。把风筒末端到工作面这一段看成工作面区,并近似等于炮烟抛出带。当新鲜风流由风筒末端射向工作面,形成紊流射流,并借助射流的紊流扩散作用,使新鲜风流与烟尘掺混,并排出(图 5.4)。工作面区通风后排出的烟尘浓度随空气交换倍数 I_2 的变化符合式(5.4):

$$C=C_0\mathrm{e}^{-KI_2} \tag{5.4}$$

式中　C_0——工作面区烟尘原始浓度;

C——工作面区通风后排出的烟尘浓度;

I_2——工作面区空气交换倍数,$I_2=\dfrac{Qt}{V_2}$,其中 V_2 是工作面区空间体积;

K——紊流扩散系数。

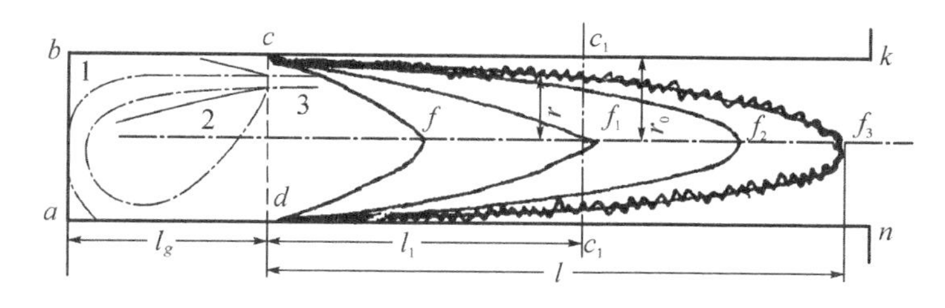

图 5.4　压入式通风排烟过程示意图

工作面区的烟尘沿着巷道向外排出过程中,由于巷道断面上风速分布不均匀,形成了逐渐伸长的炮烟带,即所谓的紊流变形。从而使同一断面上烟尘浓度不同。取巷道中任一断面 c_1c_1,炮烟平均浓度可写成式(5.5):

$$C_s=\frac{\int_0^{r_0}2\pi rC_u\,\mathrm{d}r}{\pi r_0^2} \tag{5.5}$$

式中　C_u ——距巷道轴心 r 处的炮烟浓度。

巷道中的炮烟是经过工作面区紊流扩散后的炮烟，其浓度随时间延长而降低。在 c_1c_1 断面上，距轴线不同距离处，炮烟浓度不相同。先排出的炮烟在外层（如图 5.4 中 f_1 线），浓度较低。各层的炮烟浓度 C_u 可按式(5.6)表示：

$$C_u = KC_0 e^{-\frac{QK(t-t_1)}{V_2}} \tag{5.6}$$

式中　t ——通风时间，$t=\dfrac{l}{u_m}$，u_m 是轴向风速；

t_1——风流由 cd 断面到 c_1c_1 断面的时间，$t_1=\dfrac{l_1}{u_i}$，u_i 是距轴线 r 处的风速。

将 t，t_1 代入式(5.6)，则：

$$C_u = KC_0 e^{-\frac{QKl}{V_{2u_m}}} e^{\frac{QKl_1}{V_{2u_i}}} \tag{5.7}$$

巷道中风速分布函数近似取：

$$u_i \approx P\overline{u_f}\sqrt{1-\left(\frac{r}{r_0}\right)^2} \tag{5.8}$$

式中　$\overline{u_f}$ ——巷道断面平均风速，m/s；

P ——与摩擦阻力系数有关的常数，$P=1.5$。

得，

$$C_s = 2KC_0 e \frac{-QKl}{V_g u_m} \frac{1}{r_0^2}\int_0^{r_n} e \frac{Kl_1}{e^{\lg P}\sqrt{1-\left(\frac{r}{r_0}\right)^2}} r\,\mathrm{d}r \tag{5.9}$$

为求出 C_s，需先求出上式中积分项的数值。沃洛宁将积分项展开成级数后，分别积分，舍弃其中数值较小的项，得到：

$$\frac{1}{r_0^2}\int_0^{r_n} e \frac{Kl_1}{e^{\lg P}\sqrt{1-\left(\frac{r}{r_0}\right)^2}} r\,\mathrm{d}r \approx \frac{e^{K\frac{il}{ig}l}}{K\frac{l_1}{l_g}P^2 I^3} \tag{5.10}$$

式中　I ——全巷道空气交换系数，$I=\dfrac{Qt}{V_1}$。

由此可得：

$$C_s = \frac{2C_0}{\frac{l_1}{l_g}P^2 I^3} \tag{5.11}$$

将 $I=\dfrac{Qt}{V_1}$ 代入式(5.11)得：$Q^3=\dfrac{2l_g l_1^2 V_1^3}{P^2 t^3}\dfrac{C_0}{C_s}$，由于 $\dfrac{C_0}{C_s}=\dfrac{500A}{V_1 l_g}$，求得：

$$Q=\frac{7.6}{t}\sqrt[3]{AV_1^2} \tag{5.12}$$

上述公式是在假定炮烟抛出带长度等于风筒末端距工作面长度 l_i 条件下导出的。实际上，炮烟抛出带的长度 $l_g>l_i$。因此，沃洛宁公式计算出的风量经常偏小。这一缺陷后来被吴中立的试验研究工作给予正确的弥补。吴中立仍以沃洛宁的紊流扩散和紊流变形理论为基础，着重分析了炮烟抛出带长度大于 l_i 情况下巷道中炮烟的排出过程，并提出了新的巷道断面炮烟平均浓度计算式：

$$C_s=\frac{2C_0}{P^2\dfrac{l_1}{l_i}I^3}+\frac{\left(2-\dfrac{l_g-l_i}{l_1}\right)C_0}{P^2\dfrac{l_1}{l_g-l_i}I^2} \tag{5.13}$$

并由式(5.13)导出压入式通风风量计算公式：

$$Q=\frac{21.1}{t}\sqrt{0.047\,4\sqrt{\frac{V_1}{A}}\frac{l_i}{l_g}+\left(1-\frac{l_g-l_i}{2l_1}\right)\left(1-\frac{l_i}{l_g}\right)AV_1} \tag{5.14}$$

在巷道内的炮烟(含爆破后炮烟抛出带的炮烟和工作面区的炮烟)向外推移过程中，因巷道断面上风速非均匀分布，使其发生紊流变形，从而形成一条不断延伸的炮烟带。对于独头巷道，采用压入式通风时，其排烟的过程应以紊流变形为主。工作面区的紊流扩散在整个排烟过程中不起主导作用。整个炮烟带(包括工作面区在内)可看成一个整体，由工作面开始沿巷道向外推移，并产生紊流变形，使炮烟的平均浓度逐渐下降，从而达到安全浓度。

5.3 金属矿山爆破采矿基础参数分析

5.3.1 爆破采矿方法

某金属矿山选用分段空场嗣后充填采矿法和浅孔留矿嗣后充填采矿法。前者适用于矿体厚度大于 5 m 的矿块，在开采范围−410 m 水平以上，适用此采矿法的有 265 个采矿场；后者适用于矿体厚度小于 5 m 的矿块，在开采范围−410 m 水平以上，适用此采矿法的有 92 个采矿场。采矿场设计生产能力为：分段空场嗣后充填采矿法 750 t/d，浅孔留矿嗣后充填采矿法 150 t/d。

回采时采用 Simba H1254 型中深孔凿岩台车在分段凿岩巷道内凿上向扇形炮孔，排距为 1.5～2 m，孔底距为 2 m，钻孔直径 ϕ 76 mm。采用装药车装药，炸药为粒状铵油炸药，非电导爆系统起爆。爆下的矿石用 TORO 007 型(配斗容 5 m^3)柴油铲运机在采场底部出矿。采场残留矿石采用遥控铲运机回收。

矿山通风方式为：新鲜风流由中段运输巷道进入出矿巷道、分段巷道及凿岩巷道冲洗工作面，或经过采准斜坡道进入分段凿岩工作面，污风由采场回风井或采场空区经上中段回风道送到东、西回风井排出地表。

浅孔留矿嗣后充填采矿法按分层由下而上回采，分层高度 2 m。采用 YSP45 向上式浅孔凿岩机凿岩，人工装药，炸药为 2 号岩石炸药，非电导爆系统起爆。爆破落矿后进行通风，排出炮烟，采场通风及支护与常规浅孔留矿法相同。爆下的矿石用 TORO 007 型(配斗容 5 m^3)柴油铲运机集中在采场底部出矿。采场残留矿石采用遥控铲运机回收。

5.3.2 爆破材料消耗量

回采材料消耗量及掘进材料消耗量见表 5.1、表 5.2。

表 5.1 回采材料消耗表

序号	材料名称	单位	分段空场嗣后充填采矿法		浅孔留矿嗣后充填采矿法		合计日耗	年耗
			吨矿单耗	日耗	吨矿单耗	日耗		
1	炸药	kg	0.4	2 800.8	0.3	370.8	3 171.6	1 046 628
2	火雷管	只	0.02	140.04	0.04	49.44	189.48	62 528
3	导火线	m	0.04	280.08	0.1	123.6	403.68	133 214
4	导爆管	只	0.03	210.06	0.6	741.6	951.66	314 048
5	导爆索	m	0.4	2 800.8		0	2 800.8	924 264

表 5.2 掘进材料消耗表(平均日掘进量为 545 m^3)

序号	材料名称	单位	每立方米单耗	日耗	年耗量
1	2 号岩石炸药(药卷)	kg	2.9	1 580.50	521 565
2	非电导爆雷管	只	2.7	1 471.50	485 595
3	火雷管	只	0.08	43.60	14 388
4	导火线	m	0.35	190.75	62 948

5.3.3　矿块爆破通风

采场通风的新鲜风流由无轨中段巷道进入，经过穿脉巷道、人行通风天井进入回采作业面，污风由另一侧的人行通风天井排到上中段，经回风井排出地表。为了加速爆破炮烟的排出，在采场处设置了局部通风机，以增强通风效果。

5.4　季节自然风压影响下周期通风规律研究

5.4.1　季节自然风压影响分析

矿山通风系统受到自然风压的影响，在自然风压的方向与主要通风机风压相同时，矿山自然风压有助于主要通风机的通风，但在矿山自然风压的方向与主要通风机风压不同时，矿山自然风压就会变成主要通风机的通风阻力，使其通风能力下降。某金属矿山矿井负压小，井下巷道相互贯通，自然风压对矿井通风系统影响大，夏季和冬季实测自然风压数据如表 5.3 所示，分析通防工区近三年的测风数据，夏季矿井总风量在 16 000 m^3/s 左右(不含主井)，冬季矿井总风量在 20 000 m^3/min 左右，说明通风系统受自然风压影响较大。

由于冬季空气干燥、温度低，同样风量的情况下井下作业地点空气质量好于夏季。这就为冬季使用变频器控制主通风机风量创造了条件。即在保证井下需风量的前提下，主通风机夏季工频运行，冬季变频运行，实现节能降耗。

表 5.3　夏、冬两季自然风压数据

线　路	冬季自然风压/Pa	夏季自然风压/Pa
进风井→−130 m 水平→西回风井	−85.97	−136.36
进风井→−340 m 水平→西回风井	38.63	−131.03
进风井→−410 m 水平→西回风井	−25.17	−178.54
进风井→−430 m 水平→西回风井	−106.3	−153.67
进风井→−340 m 水平→东回风井	518.85	305.7
进风井→−410 m 水平→东回风井	507.33	270.03
副井→主井	−48.83	52.59

5.4.2　日气温变化对矿井总风量的影响分析

某金属矿山属暖温带季风区域大陆性气候，其一天内的温度变化趋势大致符合正弦函数曲线，而同一频率下主通风机总排风量变化趋势大致符合余弦函数曲线，如图 5.5 所示。

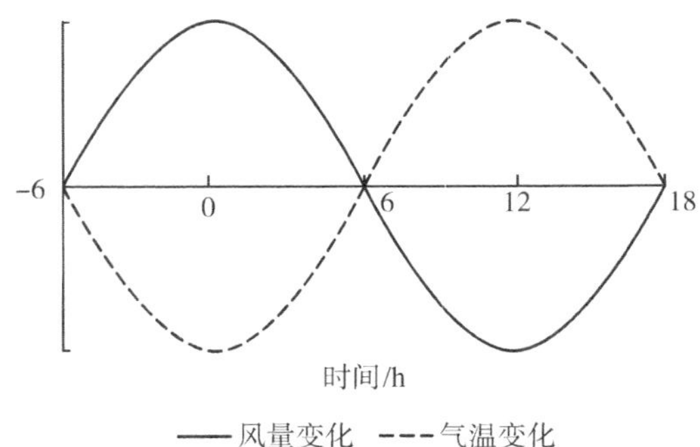

图 5.5　24 h 气温、风量变化趋势拟合曲线

根据以上规律，井下同样需风量的情况下可适当降低夜间、凌晨主通风机的运行频率，从而使矿井总风量保持在一个稳定的数值。

根据现场实测，凌晨气温最低、中午气温最高，二者相差 10℃左右，同等需风量的情况下凌晨主通风机运行频率可较中午降低 4 Hz 左右。

5.4.3　周期性和连续性通风排烟过程分析

井巷有毒、有害气体和粉尘的生成特点和排出过程是确定矿井各作业地点所需风量的基础。不同生产过程，有毒气体和粉尘的生成特点和排出过程不同。爆破后，在短时间内，生成大量有毒气体和粉尘，充满作业空间。爆破后通风的任务为：在一定时间内，将瞬时生成的有毒气体和粉尘排出并稀释到安全浓度。在这种情况下，供给的风量应使有害气体和粉尘的浓度长期处于安全浓度范围以内。按有毒气体和粉尘的生成特点，可分为周期性突然生成和连续性稳定生成两种情况。其通风过程和风量计算方法各不相同。

(1) 静态稀释：这是一个很早就被提出来且很有影响力的问题。这一观点认为，煤矿通风只是一个用新鲜空气对煤烟进行冲淡和稀释的过程。提供的风量大致等于把一个固定空间爆炸后产生的所有毒气都稀释到安全浓度的风量。据此，本书给出了风量的计算公式：

$$Q = \frac{Ab}{Ct} \tag{5.15}$$

式中 Q ——风量，m^3/min；

A ——同时爆破的最大炸药量，kg；

b ——每千克炸药爆破后产生的有毒气体量，按折算成一氧化碳计算，$b = 0.1\ m^3/kg$；

t ——爆破后的通风时间，min；

C ——回风中一氧化碳允许浓度，在连续通风条件下，取 $C = 0.02\%$，得：

$$Q=\frac{500A}{t} \tag{5.16}$$

烟尘的排出过程不是单纯的稀释过程，在爆破后烟尘被稀释的同时，有大量高浓度的烟尘被风流吹走，排出矿井，因此，按这种方法计算的风量比实际需要的风量偏高。

(2) 一次排净：爆破后形成的烟尘带并没有和新鲜风流混合在一起，新鲜风流像凿岩机里的压缩空气推顶活塞一样，把烟尘顶走。从这个角度来看，风量的计算公式是：

$$Q=\frac{V}{t} \tag{5.17}$$

式中　V——通风空间的体积，m^3；

t——通风时间，min。

但在实际应用中，由于巷道断面内风速的不均匀性和风流的紊流扩散效应，烟尘难以一次性清除干净。在排放烟气时，必然有一个稀释的过程。用这种方法计算出的风量低于实际所需风量。

(3) 综合过程：烟尘的排放不仅有主要风流的输送作用，而且有风流的紊流扩散作用。

5.4.4　不同时段井下需风量

根据现场实际生产组织安排，可以将全天的生产安排分为大爆破排炮烟时间段、集中生产时间段、局部生产时间段、交接班时间段，各时间段的矿井需风量如表5.4所示。

表5.4　不同生产组织井下需风量

时间段	作业内容	需风量/($m^3 \cdot min^{-1}$)
大爆破排炮烟	排炮烟	16 000
集中生产	掘进、二炮、铲运机出矿、中深孔、文明施工	16 000
局部生产	铲运机出矿、中深孔	12 000
交接班	无	10 000

5.5　主通风机分时变频节能技术研究

5.5.1　风机运行频率与矿井风量的关系

风机频率 n 与风压 P、风量 Q、功率 N 之间的关系如下：

$$\frac{n_1}{n_2}=\frac{Q_1}{Q_2}=\left(\frac{P_1}{P_2}\right)^2=\left(\frac{N_1}{N_2}\right)^3 \tag{5.18}$$

随着频率的降低，功率和风量变化趋势如图 5.6 所示。

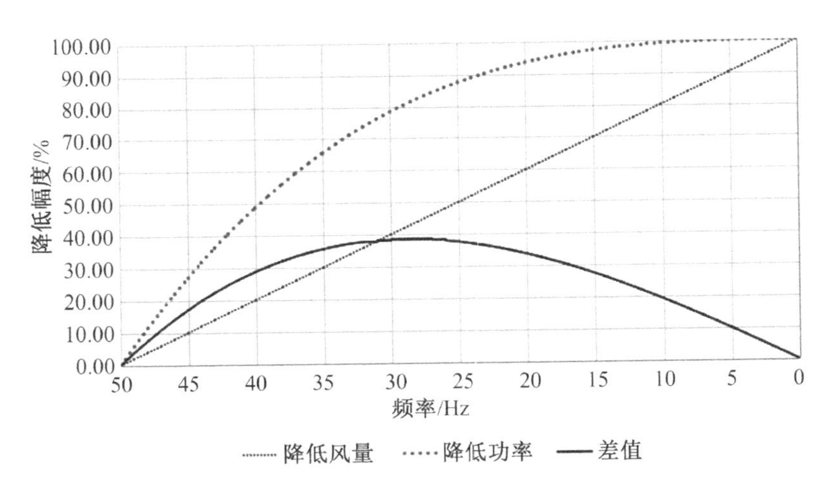

图 5.6　主通风机功率、风量随频率变化曲线

分析上图，可知理论上风机运行频率为 29 Hz 时“降低功率”与“降低风量”的差值最大，即风机变频节能效果最明显，此时功率降低 80.49%，风量降低 42%。

以通风安全为前提，针对金属地下矿山通风特点，井下风量越大越好。就要求在尽量降低风机运行功率的前提下实现矿井风量最大，单台通风机额定风量为 10 600 m^3/min，最低限度需风量为 16 000 m^3/min，即风机频率最低可降至 35 Hz，此时功率可降低 65.7%。

5.5.2　主通风机变频改造研究

结合某金属矿山通风情况现状，经过可行性分析研究、经济环境一体化论证后决定对东、西回风井主通风机(图 5.7)实施变频改造。

变频改造选用一套变频装置(图 5.8)，可直接拖动任一台风机(2×200 kW)变频运行，实现在变频状态下，一套高压变频器可在两台风机之间切换，每台风机可在变频运行状态与工频运行状态之间切换。系统控制图如图 5.9 所示。

图 5.7　主通风机

图 5.8　变频开关柜

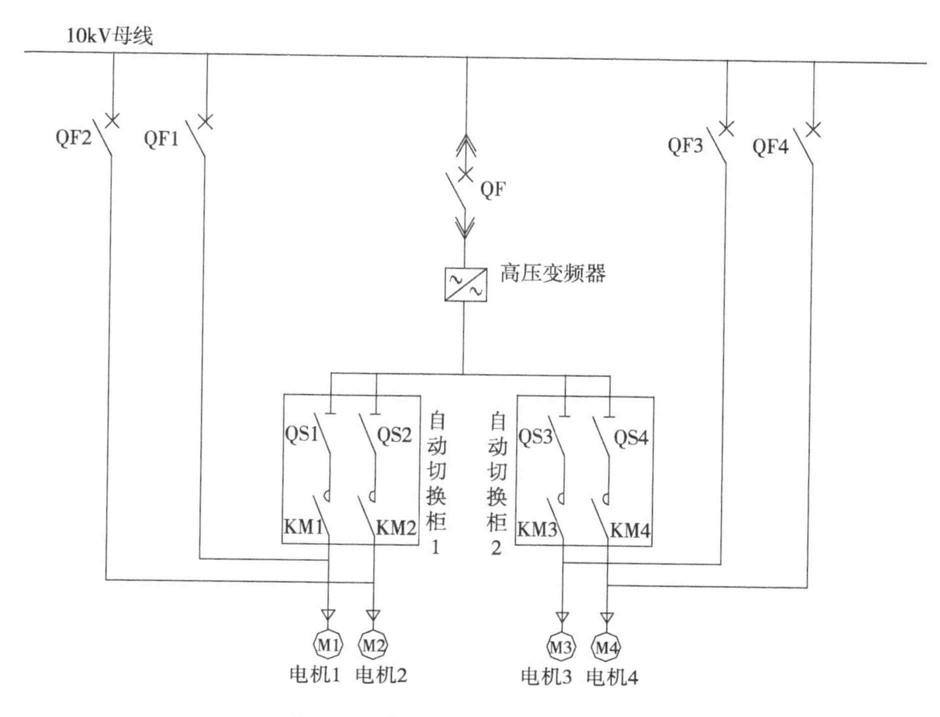

图 5.9　主通风机变频系统控制图

根据风机电机容量，选用 HIVERT-YK10/040 型变频器，额定输出电流为 40 A，适配 2×200 kW 高压异步电动机。

该变频器有如下特性：

(1) 控制方式。本地控制：在变频器操作界面上，对电动机进行启停控制，并能对变频器进行全部控制。远程控制：通过内置接口板接受来自现场的开关量控制。上位控制：通过 RS485 接口，利用 MODBUS 通信协议，接受用户控制系统的控制。

(2) 速度设置方式，在闭环操作中，速度设定模式也就是被控量的设定模式。本地设置：通过操作屏设置运行频率或被控量给定值。模拟设置：接收 4～20 mA 模拟信号，设置运行频率或被控量给定值。通信设置：以通信的形式从控制系统中接收指定的运行频率或指定的被控量值。多档设置：在开环操作中，可根据开关量的大小来设定不同的操作速度。

(3) 变频器可实现正反转切换控制。改造后的变频系统与主通风机在线监控系统匹配融合，可以在调度室、110 kV 变电所远程操作变频器，实现开停风机、频率给定调节、风机反转等功能。并增设了声光停机报警功能，确保了风机运转的可靠性。

5.5.3　变频控制程序

鉴于应用系统软件的先进性，设备配置完善，在不增加设备投入的情况下，设计增加了一套可以分时段定时改变频率的运行程序。在原有系统上基于 PLC 设计一段程序，首先在上位机上设计输入风机变频运行时间段画面窗口；其次读取西门子 S7-300 PLC 的时间，利用 RD_LOC_T(读本地时间)模块将读取的当前计算机本地日期时间保存在输出 OUT 中；然后将时间拆为时和分，再利用比较逻辑指令对其和上位机输入的时和分分别进行比对，完全匹配时段时则执行变频器的频率增减动作；最后为了方便控制还增加了时段变频开启开关。变频分时控制界面如图 5.10 所示。

图 5.10　主通风机变频控制界面

5.5.4　通风设施远程控制技术

通风设施的构筑和合理使用是确保通风系统合理有效的重要途径。为了根据实际情况实现快速调整矿井通风系统、切断或增大某一区域的风流，需要对通风设施(风门、风窗)进行远程控制。目前井下常用的风门为气控自动风门，这种风门所占用的空间很大，在有车辆通过的巷道中故障率很高。针对这一情况，某金属矿山提出以地面快速门为基础，将对开式风门改为升降式快速门，从而减小了风门的占地面积，使之更适合于井下巷道这种特殊的工作条件。

升降式快速门由门框、门帘、驱动电机和控制系统组成。要实现矿山通风系统的远程控制，最重要的就是要对风门进行远程控制，这就对风门控制系统的可靠性提出了更高的要求，因此选择了 PLC 控制器作为核心组成控制系统。为了减少风门远程控制系统的建造费用，充分挖掘利用煤矿已有的监测监控系统，对风门控制系统进行开发。某金属矿山所使用的监测监控系统，可以对监控站和测点同时进行控制，通过客户端对分站传感器手动进行断电和复电。将风门的控制系统通过断路器接入系统分站，并采用传感器的断电和复电功能，从而达到对风门的远程开启和关闭的目的。具体控制过程如图5.11所示。

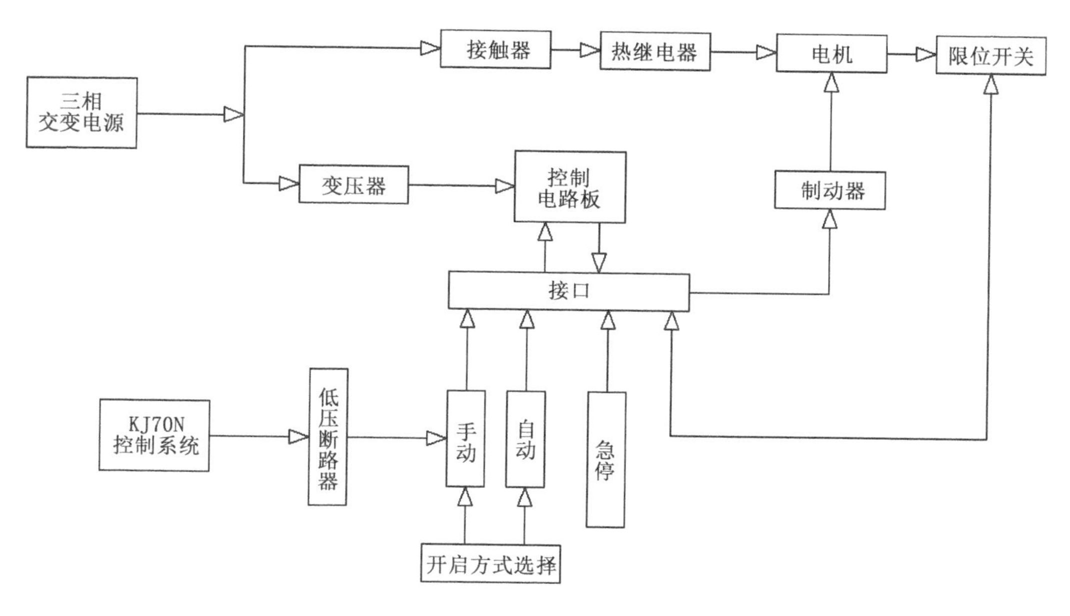

图5.11　风门控制系统

通过视频监测系统对风门进行实时监测，进一步提高了系统的可靠性。具体操作界面如图5.12所示。

图5.12　风门远程控制操作界面

目前某金属矿山在－410 m水平进风井穿脉北侧、二采区进风侧、四采区进风侧安装了三道远程控制风门(编号1号、2号、3号),具体安装位置如图5.13所示。这三个风门在正常情况下都是打开的,只有在矿山发生大爆炸等特殊情况下,才会关闭。同时与主通风机分时变频系统完美配合,达到加快大爆破炮烟排出的目的。

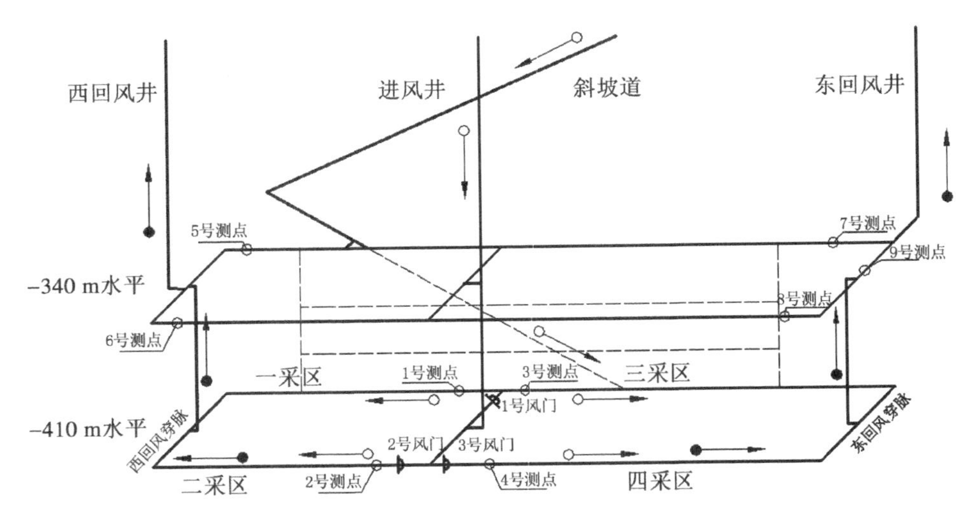

图5.13　某金属矿山主采区通风示意图

5.5.5　井下施工组织安排决定矿井需风量

矿井的需风量根据《金属非金属矿山安全规程》(GB 16423—2020)和《金属非金属地下矿山通风技术规范通风系统》(AQ 2013.1—2008)的要求,需要考虑井下作业人数、设备功率以及爆破装药量三个因素。而这三个因素是随时变化的,如在下午交接班时间段内(15:00—16:00),井下车辆停止出矿,人员升井,无爆破作业,此时井下的需风量就大大减小,只需要满足巷道的最低排尘风速即可。根据这个思路,综合分析井下各个时间段的生产组织安排,动态地调整主通风机运行频率,即可在保证通风安全的前提下最大限度地实现节能。

5.6　基于回采工艺的粗细线条变频调风技术研究

5.6.1　基于粗细线条的变频运行分析

根据生产安排将变频运行分为三个时段,即大爆破排炮烟时间段、正常生产时间段、凌晨时间段,见图5.14。

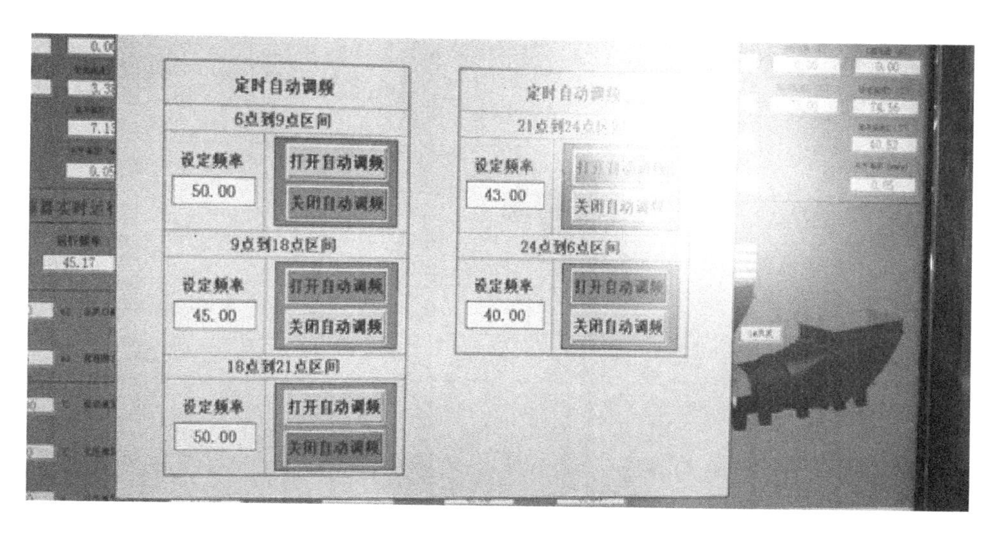

图 5.14　三阶段粗线条变频

大爆破排炮烟时间段(6:00—9:00、18:00—21:00),东、西回风井主通风机工频运行,加速炮烟排出。

正常生产时间段:(9:00—18:00、21:00—24:00),井下同时存在出矿作业、掘进作业、二炮作业等作业项目,矿井需风量相对大爆破排炮烟时间段已经明显减小,主通风机已经具备变频条件,可适当降低风机运行频率。

凌晨时间段(24:00—6:00):井下只剩铲运机出矿、中深孔等作业,已经没有掘进、二炮等作业。同时由于该时间段气温是一天中最低的,井下需风量最少。

10 月 25 日东、西回风井开始变频运行,截至 12 月 25 日东、西回风井共调节频率 2 次。变频运行记录如表 5.5 所示。

表 5.5　变频运行记录表

时间段	10 月 25 日		11 月 7 日		12 月 19 日	
	东回风井频率/Hz	西回风井频率/Hz	东回风井频率/Hz	西回风井频率/Hz	东回风井频率/Hz	西回风井频率/Hz
大爆破排炮烟 6:00—9:00 18:00—21:00	50	50	46	50	46	50
正常生产 9:00—18:00 21:00—24:00	46	46	40	46	40	45
凌晨 24:00—6:00	45	45	35	40	35	40

根据变频理论计算,11 月可节约用电 26.8%,12 月可节约用电 32.8%。实测 11 月、

12 月这两个月的电量数据如表 5.6 所示，基本符合理论计算数据。

表 5.6　电耗实测表

时间段	东回风井电量/(kW·h)	西回风井电量/(kW·h)
9 月 25 日—10 月 25 日	228 200	212 310
10 月 25 日—11 月 25 日	176 640	158 945
11 月 25 日—12 月 25 日	129 400	143 065
相对节省电量	150 360	122 610

注：相对节省电量为未改进前两个月的用电量减去 11 月和 12 月的用电量

由于西回风井供电线路与井下−60 m 水平西回风、−340 m 水平进风西回风变电所共用一路，为准确计量西回风井风机电耗，西回风井数据直接采用西回风井高防开关的电耗数据。东、西回风井主通风机变频运行两个月，总共省电 27 万 kW·h。

5.6.2　精细化的变频调节

根据现场实际生产组织安排，还可以将风机变频调节进一步细化，将全天的生产安排分为 12 个时间段，见图 5.15。

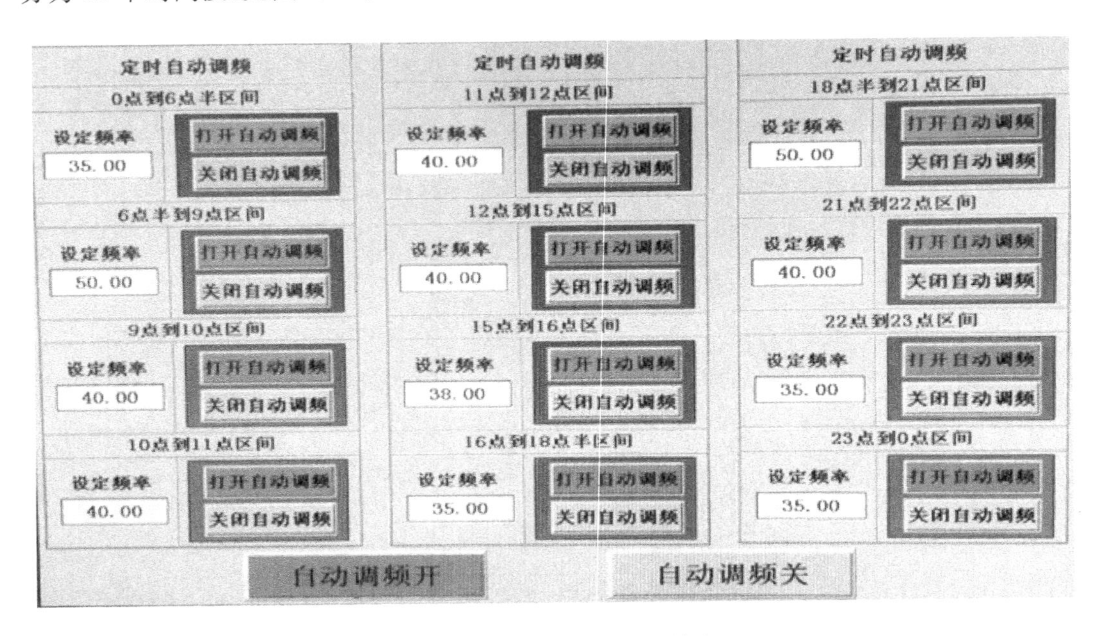

图 5.15　精细化变频调风技术

早上大爆破排炮烟时间段(6:30—9:00)：井下人员撤离，风机工频(相对高频)运行，集中排出炮烟。

早上大爆破机动时间段(9:00—10:00)：根据爆破矿房位置及炮烟排出情况，机动调节是否延长风机工频(相对高频)运行时间。

上午集中生产时间段(10:00—11:00):井下同时存在掘进、中深孔、出矿、辅助作业,需风量相对较大。

中午休息时间段(11:00—12:00):中午吃饭,铲运机、二炮、辅助工作停止。

下午集中生产时间段(12:00—15:00):井下同时存在掘进、中深孔、出矿、辅助作业,需风量相对较大。

下午交接班时间段(15:00—16:00):井下停止掘进、出矿等作业,需风量较小。

下午出矿时间段(16:00—18:30):井下无掘进,需风量相对较小。

晚上大爆破排炮烟时间段(18:30—21:00):井下人员撤离,风机工频(相对高频)运行,集中排出炮烟。

晚上大爆破机动时间段(21:00—22:00):根据爆破矿房位置及炮烟排出情况,机动调节是否延长风机工频(相对高频)运行时间。

气温最低时间段(22:00—0:00):电机车司机交接班,铲运机出矿量减少,井下只剩铲运机出矿及矿房中深孔作业,同时凌晨温度较低,自然风压作用更加明显。

凌晨出矿时间段(0:00—6:30):井下只剩铲运机出矿及矿房中深孔作业,同时凌晨温度较低,自然风压作用更加明显。

该变频控制系统已经按照生产组织安排重新调整了变频时间段,初步频率设置如表 5.7 所示。

表 5.7　精准频率设置

时间段	东回风井频率/Hz	西回风井频率/Hz
0:00—6:30	35	40
6:30—9:00	50	50
9:00—10:00	40	40
10:00—11:00	40	43
11:00—12:00	40	43
12:00—15:00	40	43
15:00—16:00	38	43
16:00—18:30	35	40
18:30—21:00	50	50
21:00—22:00	40	43
22:00—23:00	35	43
23:00—0:00	35	40

理论上可节约 40.5%的电量(约 15 万 kW·h)。计划 10 月至次年 4 月可节约 90 万 kW·h 电量。

5.7 采区通风动态控制运行效果

5.7.1 对风量的影响

在−410 m 水平进风侧和−340 m 水平回风侧各采区分别设置 5 个测点,测定不同风门开启(关闭)情况下相应采区测点的风量变化,具体数据如表 5.8 所示。

表 5.8 效果参数

关闭风门风量地点	−410 m 水平进风风量/($m^3 \cdot s^{-1}$)				−340 m 水平回风风量/($m^3 \cdot s^{-1}$)				
	1 号测点	2 号测点	3 号测点	4 号测点	5 号测点	6 号测点	7 号测点	8 号测点	9 号测点
全开	33.55	26.60	44.00	40.63	31.07	34.82	84.57	32.97	48.17
2 号、3 号	77.08	0.00	67.10	0.00	66.87	0.00	114.22	0.00	15.75
1 号、2 号	16.43	0.00	17.03	134.03	12.70	17.93	40.97	117.10	122.10
1 号、3 号	16.43	138.67	17.03	0.00	14.60	106.87	56.87	33.00	31.80
1 号	8.53	58.53	5.25	69.13	7.73	62.10	50.20	164.87	82.67
2 号	38.75	0.00	51.07	55.43	34.53	12.70	92.00	41.73	55.48
3 号	43.55	63.03	52.53	0.00	44.03	42.87	83.55	21.37	20.17

分析表 5.8 实测数据可知:

(1) 关闭 2 号、3 号风门后,对−410 m 水平南沿脉的风量控制效果较明显,可迅速切断相应四采区的风流,将减少风量分配到北翼一、三采区。使−410 m 水平一采区的风量增大 129%,三采区风量增大 52%。

(2) 1 号风门设置在进风井巷道中,风压较大,导致其关闭后仍存在 25%左右的漏风量,但仍然可以瞬时增大南翼采区的风量。

5.7.2 对炮烟排出速度的影响

炮烟的排出效率主要取决于巷道风流速度,与炮烟的初始浓度关系不大。在不同的风速下,炮烟的浓度随时间变化的规律几乎是相同的,并且随着风速的增加,炮烟的排放时间呈下降趋势。

现场以 −410 m 水平四采区矿房爆破为例，测定不同矿房爆破后对应通风系统调整前后炮烟内一氧化碳浓度的变化规律，发现爆破后一氧化碳浓度降至 0.002 4%所需的时间由常规的 2.5 h 以上缩短到 1 h 左右。

由于矿房的位置及大小不同，通过动态调整通风系统对促进炮烟排出的效果也不同，但是通过现场实测，通风系统动态调整后可将北翼一、三采区内炮烟排出的时间缩短 40%以上，将南翼二、四采区内炮烟排出的时间缩短 65%以上。

根据调研，地面主通风机分时段变频运行在国内非煤矿山行业是第一次提出并实施。实现了集中式通风矿井通风系统的动态管理，为下一步实现矿井“智能化”通风奠定了基础，可在各类非煤矿山中推广使用。

第6章 自然风压影响下主井多级机站排污通风系统设计

因为矿山的总风量是恒定的，而且矿山爆破的位置并不固定，造成了矿山风量分布的矛盾，如果按照满足开采和出矿的要求来分布风，会使爆破后的炮烟排放时间大大延长。某金属矿山主副井进回风系统除满足－601 m 水平的供风要求外，主井回风还肩负着各水平的排污功能。但由于该系统位于矿井的最深部，受季节自然风压影响严重，矿井污风排风困难，特做如下研究。

6.1 矿井风流调控方式的选择

一般来说，将地面新鲜空气输送到井下并不是什么难事，但如何将其按生产需求分配到不同的工作面，做到按需分配，却是一大难题。这既需要一些调控手段，也需要注意一些方式方法。按照风机布局和调控措施，可分为主要通风机-风窗、主要通风机-辅助通风机、多级机站和单元调控四种。

根据金属矿山自然条件和开采方式的不同，要因地制宜地选择适合的调控方式。此时不仅要衡量能耗大小、有效风量率和风速合格率的高低，还要考虑适用性、安全可靠性与管理维护是否方便等因素，以便形成以工作面为服务核心的高效低耗调控机制。各种调控方式的选用法则如下：

(1) 对于网络结构较为简单的通风系统，建议采用主要通风机-风窗调节方式。在最大阻力线路上只要不增设风窗，即可满足该种调控方式的最小功率消耗的要求。

(2) 对于网络结构稍微复杂的通风系统，宜选用主要通风机-辅助通风机调控。只要在最小阻力线路以外的其余风路设置辅助通风机，即可达到调控风量的目的，并符合该种调控方法的最小功耗原则。

(3) 对于网络结构较复杂的通风系统，推荐采用多级机站或单元调控方式。

(4) 对于网络结构比较复杂、开采范围较大的通风系统，建议选用单元调控方式或不同类型的组合调控方式。

6.2　多级机站式通风节能措施研究

6.2.1　多级机站通风原理分析

1）风压平衡原理

多级机站通风采用了风压平衡原理，实现了整个系统的均匀压力通风。它的基本思想是：在保证每条风路所需要的风量不变的情况下，对每条分支风路的风压进行调节，使得每条分支风路上的风压相平衡，每个漏风风路两端的风压也都相同，也就是使外面的风压维持为零，里面的风压保持为相同。

如图6.1所示，在 $ABCD$ 系统中，B 处有一条支风路 $BEFC$，它构成了两条并联的分支风路，这两条分支风路从 B 处分离，从 C 处结合，所以，为了控制 BC 和 $BEFC$ 这两条风路的风量，需要在这两条风路上设置机站 Ⅰ 和机站 Ⅰ′，机站 Ⅰ 和机站 Ⅰ′ 的风流量要达到所需的风流量，并且风压要满足风压平衡定律，即：

$$H_{f\text{Ⅰ}} - h_{BC} = H_{f\text{Ⅰ}'} - h_{BEFC} \tag{6.1}$$

式中　$H_{f\text{Ⅰ}}$、$H_{f\text{Ⅰ}'}$ ——机站 Ⅰ 和 Ⅰ′ 的有效风压，Pa；

h_{BC}、h_{BEFC} ——分支风路 BC 和 $BEFC$ 的通风阻力，N。

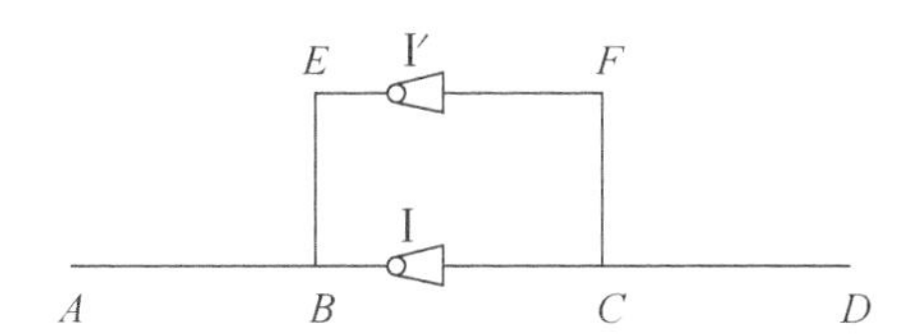

图6.1　有并联分支风路时的机站布置

在有外部漏风点出现在通风系统的情况下，为了保证外部漏风点始终为零压力，需要在漏风点前后的空气通道上安装扇风机来加以调控。从图6.2(a)可以看出，在系统 ABC 中有一条漏风风路 BB'，在该风路之前，AB 处的风路需要安设机站 Ⅰ，在该风路之后，BC 处的风路需要安设机站 Ⅱ。在这种情况下，可以把外界的漏风点 B、入风口处的 A、排风口处的 C 看作一个等压点，并且它们的压力都为零。根据风压平衡定律，我们可以知道：

$$H_{f\text{Ⅰ}} = h_{AB};\quad H_{f\text{Ⅱ}} = h_{BC} \tag{6.2}$$

从图6.2(b)可以看出，在系统 $ABCD$ 中，有两条漏风风路 BB' 和 CC' 要被控制，因此，在 AB、BC、CD 三条风路中，每条风路都必须设置一级机站，这样才能保证 B、C 两个点的压力都为零。在这种情况下，A、B、C、D 都可以看作一个等压点，并且其压力都是零。根据风压平衡定律，我们可以得出：

$$H_{f\text{I}}=h_{AB};\quad H_{f\text{II}}=h_{BC};\quad H_{f\text{III}}=h_{CD} \tag{6.3}$$

由此可见，它构成三级机站。

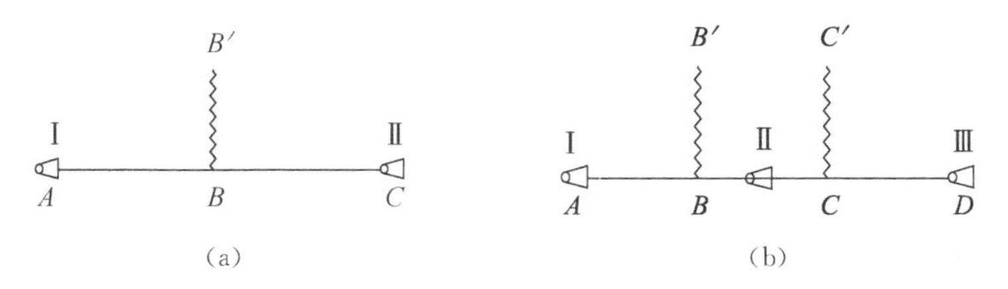

图 6.2　外部漏风控制形式

当通风系统中存在内部漏风时，为使内部漏风风路的两个端点风压相等，也必须用扇风机加以控制。如图 6.3(a)所示，在 $ABCD$ 系统中，在 BC 两点间存在一条内部漏风风路 $BEFC$，为使 B、C 两点风压相等，$BEFC$ 风路风量等于零(不漏风)，在 BC 风路必须安设机站 Ⅰ。在 AB 或 CD 风路上设置机站 Ⅱ 是为了控制全系统的风量。由风压平衡定律可得：

$$H_{f\text{I}}=h_{BC};\quad H_{f\text{II}}=h_{AB}+h_{CD} \tag{6.4}$$

由此可见，机站数为两级。又如图 6.3(b)所示，在整个 $ABCDE$ 系统中存在 $BFGC$ 和 $CGHD$ 两条内部漏风风路。为使 B、C、D 三点风压相等，在 BC 和 CD 两条风路上应分别安设机站 Ⅰ 和 Ⅱ，AB 或 DE 风路上设置的机站 Ⅲ 是为了控制全系统的风量。由风压平衡定律可得：

$$H_{f\text{I}}=h_{BC};\quad H_{f\text{II}}=h_{CD};\quad H_{f\text{III}}=h_{AB}+h_{DE} \tag{6.5}$$

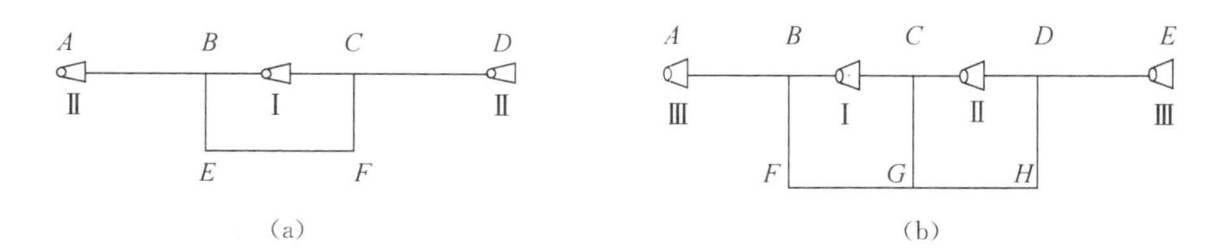

图 6.3　内部漏风控制形式

2) 污染源控制原理

在机站的布置与位置选取中，要充分考虑风机在全部通风系统中所产生的风压分布情况。如图 6.4(a)所示，$ABCD$ 系统有两个外部漏风点，需要三台机站来控制。为了在进风区和需风区形成正压，机站 Ⅰ 应该设置在进风区的末端 A，机站 Ⅱ 应该设置在漏风区 B 附近。同样如图 6.4(b)所示，在 $ABCDE$ 系统中，B 和 D 两个点具有外部漏风风路，为了避免污染风，必须在 C 处进行零压控制，因此，机站的数量从三个变成了四个。一般情况下，如需对进风及出风部分采用正压调节，则应根据压入式通风原理，在调节部分进风风路的开始处设置机站。在采场零压力控制中，可以把采场看成是一条外部漏风风路，并在原来的控制系统中增加一级机站。

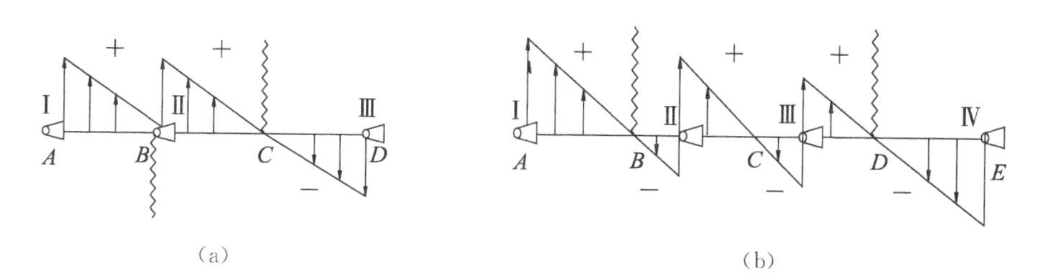

图 6.4　多级机站的压力分布

6.2.2　多级机站通风设计中的若干问题

多级机站通风系统是一个对空气流动进行最优控制的系统，只要合理应用，就能达到网路能耗最低的目的。

1）机站的级数和位置的确定

机站的设置是为了对分风、漏风进行控制，所以在串联风路体系中，分风风路与漏风风路的数目是与机站的级数相关联的。按照风压平衡原理，在串联风路体系中，分风风路和漏风风路的数目之和加上 1 等于机站的级数，即：

$$M = m + n + 1 \tag{6.6}$$

式中　M ——串联风路系统中的机站级数；

m ——分风风路数；

n ——漏风风路数。

选择机站位置时，既要考虑到通风系统内的压力分布情况是否能对井下污染源进行有效的控制，又要考虑矿井下各个系统之间的相互作用，以及对生产和管理的方便性。

2）通风网路中的分风问题

对于自然分风网络的风流优化分布和控制，苏联学者崔依早在 20 世纪 60 年代就证实，在不同的风路中，多个扇风机并联运行，每一个扇风机产生的风量都与自然风量相同，且每个扇风机产生的风压相同，使得系统能耗最小。利用自然分配的风流量对风流进行有效控制，可以达到网路能耗最低的目的，这一结论可以扩展到普通通风网路中。图 6.5 为由 1，2，3，4，5 各风路组成的自然分风网。当进入该网路的总风量 $Q_1 = Q_0 - Q_2$，$Q_3 = Q_0 - Q_4$，$Q_5 = Q_2 - Q_4$，则自然分风网的总功耗 N 可按下式给出：

$$N = R_1(Q_0 - Q_2)^3 + R_2 Q_2^3 + R_3(Q_0 - Q_4)^3 + R_4 Q_4^3 + R_5(Q_2 - Q_4)^3 \tag{6.7}$$

将上式分别对 Q_2、Q_4 求一阶偏导数,则得:

$$\frac{\partial N}{\partial Q_2}=-3R_1(Q_0-Q_2)^2+3R_2Q_2^2+3R_5(Q_2-Q_4)^2 \tag{6.8}$$

$$\frac{\partial N}{\partial Q_4}=3R_4Q_4^2-3R_3(Q_0-Q_4)^2-3R_5(Q_2-Q_4)^2 \tag{6.9}$$

由于 $\frac{\partial N}{\partial Q_2}=\frac{\partial N}{\partial Q_4}=0$ 是网络功率最小的条件式,故

$$R_1Q_1^2-R_5Q_5^2-R_2Q_2^2=0 \tag{6.10}$$

$$R_3Q_3^2+R_5Q_5^2-R_4Q_4^2=0 \tag{6.11}$$

这一条件式就是在自然分配风流的情况下,每个网孔上的风压平衡方程。结果表明,自然分风网在无调节设备的情况下,风流仍然自然分配时,网路总的能量消耗是最小的。在这种情况下,如果所有的固定风量巷道都可以由风机来控制,那么可以考虑在每个风路上都增加一台与其所控制的巷道阻力和需风量相对应的扇风机,使网络中的各个网孔的风压保持平衡,这样,每个扇风机的有效功率之和就是网络的初始功耗,从而使网络的功耗最小。即:

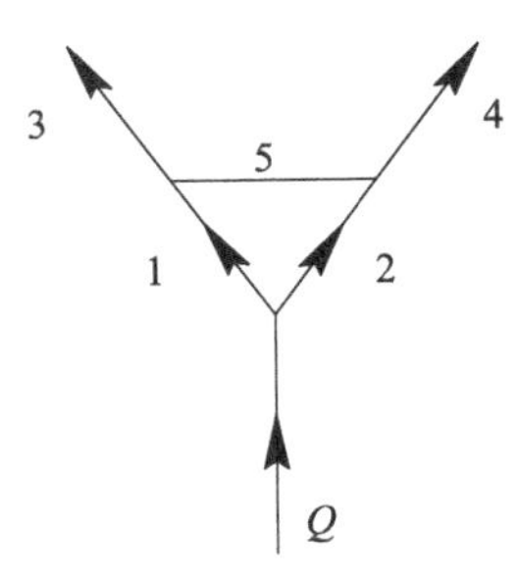

图 6.5 分风网路

$$\sum N_{fi}=\sum h_iQ_i \tag{6.12}$$

式中 N_{fi} ——任一扇风机的有效功率,kW;

h_i ——任一风路的风压降,Pa;

Q_i ——任一风路的需风量,m^3/s。

当在控制分风网中使用风窗进行调节时,风窗的额外阻力会消耗部分扇风机的功率,那么,扇风机的总功耗为:

$$\sum N_{fi}=\sum h_iQ_i+\sum \Delta h_iQ_{iw} \tag{6.13}$$

式中 Δh_i ——风窗增加的阻力,N;

Q_i ——风窗所在巷道的风量,m^3/s。

因此,对于按需分风的网络,采用扇风机进行分风是一种最佳的控制方式,可以使系统的电力消耗最少。因此,在按需分风网络中,对给定的风量采用扇风机进行控制,而在自然分风网络中,则采用自然分风方式进行控制,可以实现整个网络的最优控制。

多级机站通风系统有三种不同的分风网,即按需分风网、自然分风网及漏风风路。按需分风网络中每条风道的风量,要按照每个工作点的排烟排尘的需要,先进行风量计算;

漏风风路中的漏风量可以通过经验来估计；自然分风网络中每条风道的风量，是根据巷道的风阻，用自然分配的方法计算出来的。在通风网络中每一条巷道内的风流量决定了以后，再决定每一台机站的风流量。单井口进风、单井口出风的简易通风系统，在整个网络中可能仅形成一个按需分风网络，风量分布相对简单。在多井口进风和多井口排风的复合通风系统中，各个开采作业区多为按需分风网络，而进、排空气系统多为自然分风网络。在自然空气分流网络中，空气流量按照自然分配，各机站根据自然分配的空气流量来决定各自的空气流量，从而达到网络能耗最低的目的。

3）阻力计算

多级机站通风系统的阻力计算工作量很大，不但要对最大阻力路径上的各风路进行计算，还要对每一级机站控制系统中风路的阻力进行计算。除了摩擦阻力的计算之外，还考虑了巷道拐弯、分流和汇合等的部分阻力。通过中钢集团马鞍山矿山研究总院的实践，发现在矿井的部分区段上，局部阻力有时会比摩擦力大。机站处的部分阻力比较大，不可忽略。在不设置扩散器的情况下，机站的部分阻力可以通过以下公式进行计算：

$$h_{fs}=K_c(\xi_{fi}+K_\alpha\xi_{fo})\frac{u^2}{2g}\gamma \tag{6.14}$$

式中 u ——机站出口端巷道的平均风速，m/s；

ξ_{fi}、ξ_{fo} ——机站入口突然收缩、出口突然扩大的局部阻力系数；

K_α ——井巷边壁粗糙度的影响系数；

K_c ——考虑风流旋绕损失和多风机风流碰撞损失的综合校正系数，K_c 取值为 0.43～1.38，并联风机台数越多，K_c 取值越大；

γ ——空气密度，kg/m^3；

g ——重力加速度，m/s^2。

减小机站的通风风阻是一个重要的环节。在扇风机的出口处加装一个扩散器，可以减少50%的局部阻力。当扩散器出口断面与后续巷道的断面越来越接近时，其局部阻力较小。

4）扇风机选择

由于多级机站的扇风机负担的控制区域很小，且风压很低，而风量又很大，所以目前多采用中低压轴流式扇风机。此外，对于风机运行的平稳性也有很高的要求，最好选择具有较为平稳的特性曲线和无显著驼峰区的扇风机。一个机站所选用并联运转扇风机的台数在很大程度上是由生产上对该机站要求调节风量幅度的大小所决定的。并联扇风机数目越多，机站的局部阻力也就越大，2、3、4台扇风机并联运行的机站阻力分别为单台运行时的 1.34 倍、1.68 倍和 2.26 倍。并联扇风机数量过多，不利于系统稳定运行，在保证系统风量调整的条件下，应尽可能地减小并联扇风机数量。通常认为，每个机站有 2～3 台风机最好，至高有 4 台风机。在固定风量的机站，采用单机风机是最简便的方法。在同一机站中，采用相同型号、相同尺寸、相同转数的扇风机对保证机站的稳定运行是有益的。

5）多级机站的集中控制

对于多级机站的通风，先要解决的是风机的集中控制。在电气控制系统之外，对风机闸门和反风门的自动化控制也要做好调整。

6.2.3 多级机站调控

在一个通风系统中使用一定数量的扇风机，根据需要把扇风机分为若干级机站（每个机站视需要由若干台串联或并联的风机构成），由几级进风机站以接力方式将新鲜空气经进风井巷压送到作业区，再由几级回风机站将作业时形成的污浊空气经回风井巷排出矿井，用机站串联工作输送风流，用机站并联进行区域分风。这样的风流输送与调控方式，称为多风机串并联多级机站。

多级机站是主要通风机压抽混合式通风的扩展，可用三级、四级，甚至五级、六级联合压抽。

一般多采用图 6.6 所示的四级机站输送和调控风流，各级机站的作用及布置原则是：

第Ⅰ级为进风主导型压入机站，其在整个系统中扮演着主要角色，通过压入机站将新鲜气流压入井下。

第Ⅱ级起通风接力及分风的作用，把新鲜风流分配并压入采区，保证作业区域的供风，所以风机应靠近用风段，作压入式供风。

第Ⅲ级机站把作业区域的废风直排至回风道，是采区回风控制机站，所以安装在用风部分靠近回风一侧，作抽出式通风。

第Ⅳ级为抽出式通风，将采区内的废气收集并排放到地面，它是系统的总回风主控机站。

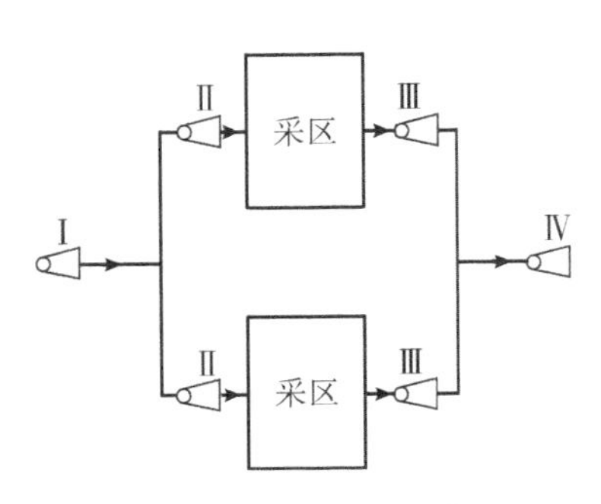

图 6.6 多级机站布置模型

6.3 某金属矿山多级机站调控

某金属矿山现有通风系统中，为满足 −601 m 水平通风要求，采用主井辅助回风，深部多级机站调控的通风方式，其布置如图 6.7 所示。

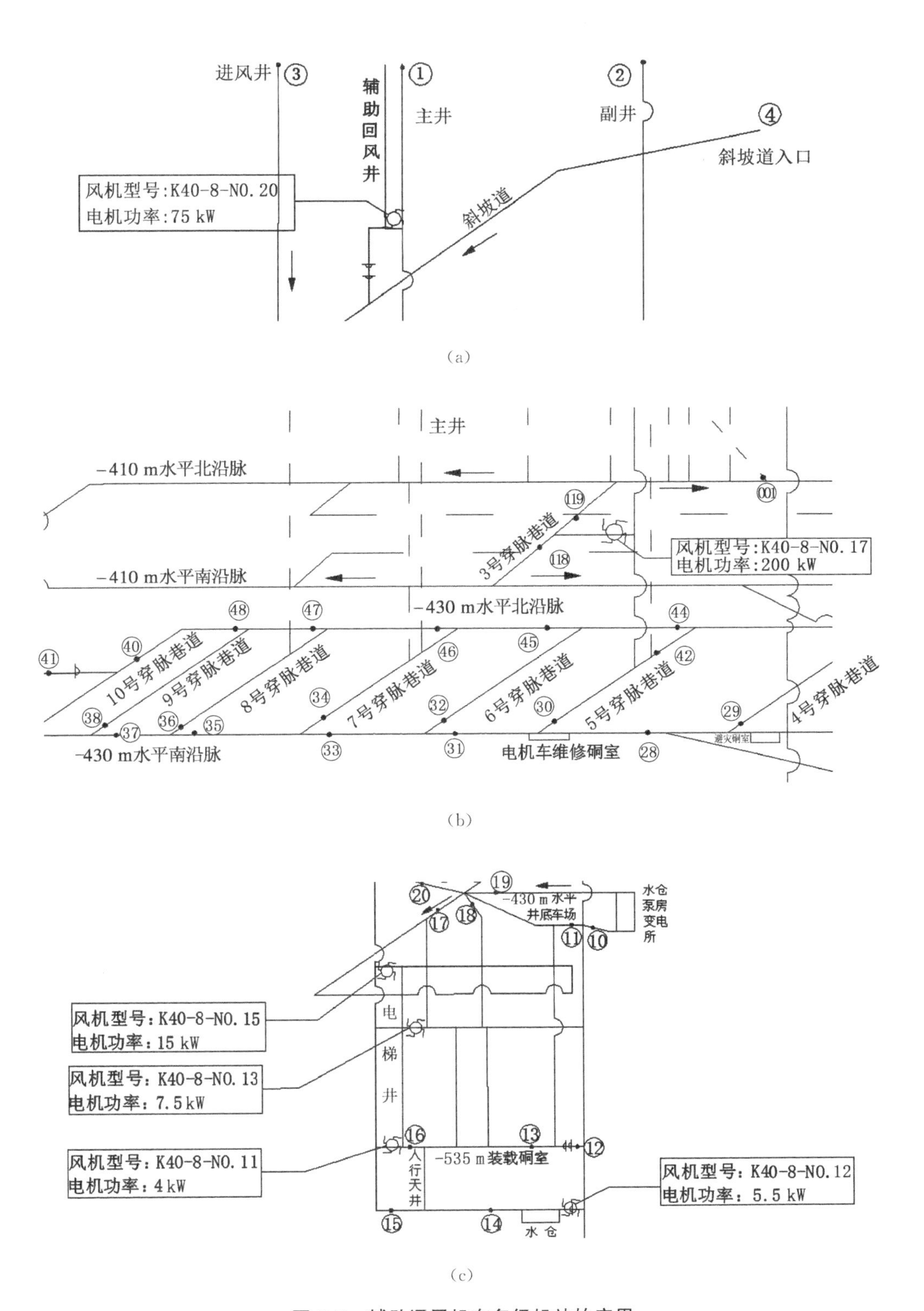

图 6.7　辅助通风机在多级机站的应用

图 6.7 为某金属矿山多级机站通风系统。在主井辅助回风井处安设 K40-8 NO. 20 辅助通风机一台[图 6.7(a)]；-430 水平利用 K40-8 NO. 17 辅助通风机通过进风井下面的溜井向 5 号穿脉巷道两侧供风[图 6.7(b)]；从-430 m 至-601 m 最低水平，分别在 1、2 号卸载站，1、2 号成品仓，-535 装载硐室及-601 m 最低水平布置 4 台(K40-8 NO. 15，K40-8 NO. 13，K40-8 NO. 11，K40-8 NO. 12)辅助通风机[图 6.7(c)]。

从辅助通风机布置来看，主井辅助通风机作为一级机站主要起辅助回风作用，辅助回风量 1 816 m^3/min。随采场向深部进行，-430 m 水平通风困难，利用进风井下部的溜井设置辅助通风机向 5 号穿脉巷道两侧供风，解决了该水平中部的供风问题。采场深部卸载站、成品仓、装载硐室及-601 m 水平泵房变电所等处，由于埋深大，通风线路长，供风困难。但该处用风地点集中，需风量较小，因此企业采取 4 级机站布置方式对该区域辅助通风；各级机站根据各水平的供风量合理选择风机型号，满足了各水平通风的需求。具体通风示意图如图 6.8 所示。

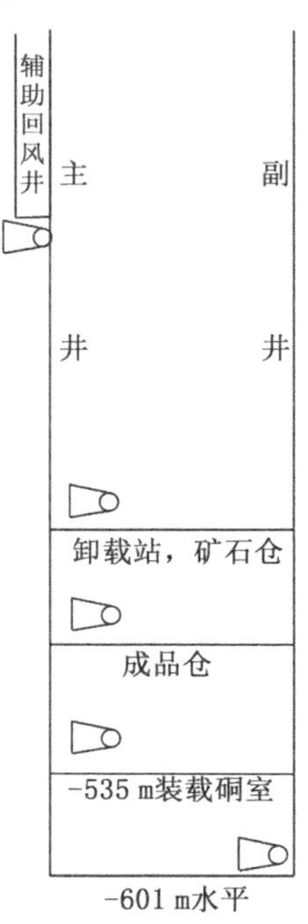

图 6.8　多级机站示意图

该系统由 5 台扇风机联合工作，比原来使用主要通风机通风取得了更好的效果。深部采场由四台扇风机并联工作。多级机站由多台风机串、并联工作，用扇风机对整个通风网络各采区的风流输送与分配严加控制，因此，内部、外部漏风少，有效风量率较高，矿井供风量可比主要通风机-风窗、主要通风机-辅助通风机调控方式略有减少，故可取得较好的节能效益。

从图 6.8 也可以看出，多级机站只能对采区的进风量和回风量进行控制，尚不能细化到控制区域内各工作面的风量分配，大部分用风地点处于自然分风状态。多级机站风机多、分布散，系统可靠性较低，风机管理是一个难题，要求达到较高的通风管理水平才能管好、用好。

第7章 自然风压和活塞风影响下的矿井斜坡道污风治理

金属矿山是我国重要的矿产资源生产基地，矿井下有大量的柴油矿车，其发动机可燃混合气在燃烧时会产生大量的碳氢化合物（CH）、一氧化碳（CO）等有毒有害气体。由于斜坡所处的位置及所处环境的特殊性，其存在着一定的坡度，这将导致柴油机混合器空燃比较低，柴油机各项性能下降，导致废气排放增加。同时，斜坡道坑洼不平，断面较大，由于受到该系统的影响，其端部风量较小，对采掘人员的人身安全构成了严重威胁。目前，国内外矿山治理污风的方法是：通过增大矿山入口空气流量，将部分区域形成的废气进行稀释和排泄；在此基础上，提出了一种新的柴油机控制方法，从而实现减少柴油机车尾气排放的目的；加强煤矿安全生产管理，增强井下工作人员的自我保护意识。本研究将根据矿山实际情况，从提升坡道通风能力的角度出发，对坡道通风系统进行优化，从而有效地解决坡道内污风的聚集问题。

7.1 柴油矿车污风废气组成及净化标准

柴油机废气组成很复杂，它是柴油在高温高压下进行燃烧时所产生的各种成分的混合体。其中，大部分是无害成分，即氧（O_2）、氮（N_2）和水蒸气（H_2O）等，小部分为有害成分，如氮氧化物（NO_x）、碳氢化合物、硫的氧化物、碳氧化物和油烟，此外尚有一些杂环和芳烃化合物等，成分很复杂。

中国医学科学院劳动卫生研究所等单位根据在不同类型的柴油设备地下施工现场中，柴油机废气对人体的影响、柴油机废气对不同动物的毒性危害的研究，并结合我国当前经济与技术水平等情况综合分析后，推荐地下施工柴油机的废气在坑道中的允许浓度为：CO（按质量），30 mg/m^3；NO_x（换算为 NO_2）（按质量），8 mg/m^3。

7.2 斜坡道污风风量计算

根据柴油设备的实际情况，对通风风量进行了计算，风量是根据柴油设备的需要风量和井下最大班人数的需要风量来计算的。经过计算，需要的风量为 145 m^3/s，计算结果见

表2.8。

在金属矿山下，一般都使用无轨自卸汽车来运矿，矿车数量众多，矿车在中段运输速度也很快，给中间运输区的通风带来了很大的影响。因此，开展中段运输设备的活塞风问题的研究，对于保证中段地区的通风有十分重要的意义。由于矿井中的活塞风风速远低于50 m/s，所以矿井中的风流是不能被压缩的。中部运输设备所产生的活塞风风速与巷道长度、运输设备长度、运行速度、巷道面积以及运输设备面积密切相关。

中段运输设备在巷道中运动的简化模型如图7.1所示。中段运输设备的速度为v_0，运输设备的横断面面积为A_0，运输设备的特征长度为l_0，巷道横断面面积为A，长度为l，活塞风风速为v，运输设备与巷道壁之间的环状空间中气流的绝对速度（即相对于巷道壁的速度）为w。在$\mathrm{d}t$时间内设备在巷道中排出的体积为$A_0 v_0 \mathrm{d}t$。斜坡道的坡度很小，可按照中段运输设备活塞风计算模型来计算斜坡道中的活塞风风速：

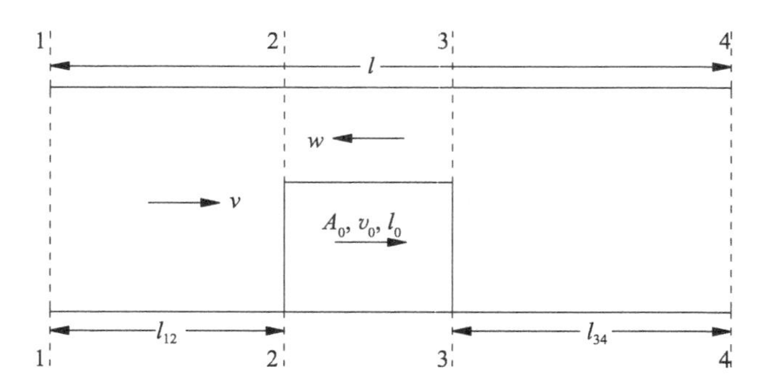

图7.1　中段运输设备在巷道中运动的简化模型

$$v=\frac{v_0}{1+\sqrt{\xi_T/\xi_\alpha}} \tag{7.1}$$

其中：

$$\xi_T=\xi_{12}+\lambda\frac{l_{12}+l_{34}-l}{d}+1 \tag{7.2}$$

$$\xi_\alpha=\left(\xi_1+\lambda_0\frac{l_0}{d_H}+\xi_2\right)/(1-\alpha)^2 \tag{7.3}$$

式中　λ_0——环状空间气流的沿程阻力系数，kg/m^3；

ξ_1——气流由运输设备前方的巷道段进入环状空间的进口局部系数；

ξ_2——气流由环状空间进入运输设备后方的出口局部阻力系数；

l_H——环状空间轴向长度，m；

d_H——环状空间水力直径，m；

ξ_{12}——巷道入口的局部阻力系数；

l_{12}，l_{34}——中段运输设备后方及前方的巷道长度，m；

λ——巷道沿程阻力系数，kg/m^3；

d——巷道水力直径，m。

多辆矿车同时在斜坡道中行进，当巷道内的风速过低，矿车行进过程中产生的活塞风容易造成巷道中风流紊乱，局部地区甚至会出现风流逆转，可见矿车在斜坡道中运动时产生的活塞风还是很大的。

7.3　斜坡道自然风压污风流动规律分析

随着井田开拓方式的不断变化，井下巷道的布局日趋复杂，井下通风系统中，至少要有一个进风井、一个回风井。自然风压是由井壁上、下热力效应等自然因素引起的一种热力差，其在井巷中普遍存在，其大小与进回风井的温度、深度有关，当两侧井壁之间的温差及高度差增大，自然风压也随之增大。自然风压具有明显的季节性，通常是在地面温度较低的时候，自然风压有利于煤矿通风，而在地面温度较高的时候，自然风压则会对煤矿通风造成不利影响。因为回风系统中的温度和湿度都很高，而且一年四季都保持不变，所以，大部分的矿井通风系统中，都会有一种辅助通风机工作的自然风压，在冬天会比较大，在夏天会比较小。

对于斜坡道通风系统来说，斜坡道作为辅助进风巷，通风路线长、通风阻力大，矿车运输过程中活塞风对其影响较大，活塞风与自然风压联合作用对斜坡道的影响较大。自然风压 H_N 的计算公式如下：

$$
\begin{aligned}
H_N &= 0.465kP_0z\left(\frac{1}{T_1}-\frac{1}{T_2}\right)\\
&= 0.465\left(1+\frac{z_2}{10\,000}\right)P_0z_2\left(\frac{1}{273+T_0+z_1/z_2(T_1-T_0)}-\frac{1}{273+T_2-0.002\,5z_2}\right)
\end{aligned}
\tag{7.4}
$$

式中　T_0——地表温度，℃；

T_1——进风井井底温度，℃；

T_2——回风井井底温度，℃；

z_1——进风井高度，m；

z_2——回风井高度，m；

P_0——当地井口大气压，Pa。

7.4 某金属矿山污风问题研究

某金属矿山采用的是混合式对角通风方式,副井、进风井、斜坡道负责进风,主井、东回风井、西回风井负责回风。新鲜风流由副井、进风井流入,再由－410 m 中部进入,经穿脉流入出矿巷道,然后由天井返回至－340 m 中部;风流的一部分通过倾斜的斜坡道流入分段巷道,然后通过穿脉进入采场返回－340 m 中段,另一部分由副井流入－430 m 石门,再由回风天井流入－340 m 中部,最后由西回风井排放至地面。如图 7.2 所示。

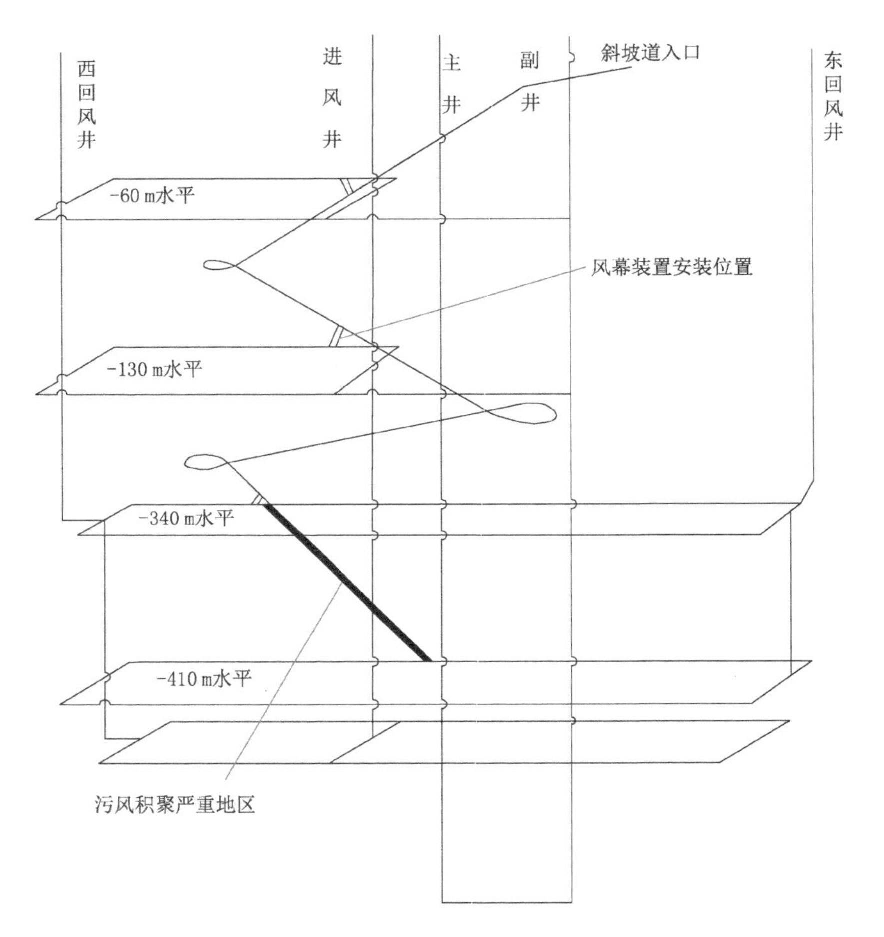

图 7.2　矿井通风系统简图

7.4.1　自然风压下斜坡道污风运移规律分析

通过对矿井具体条件的分析,得出斜坡道上聚集污风量在夏季最大,而在冬季则很小或几乎没有。主要是由于自然风压的影响,本研究计算并比较分析冬季和夏季两个极端的情况下的自然风压,得出自然风压变化对斜坡道污风流动有影响。

本研究选取了 1 月和 7 月中的某一天为样本，测量了一天中矿井自然风压(图 7.3)，一天中的自然风压是动态变化的，在选取的冬季和夏季样本中，自然风压的变化量分别约为 52 Pa 和 47 Pa，在一天的 15:00 前后自然风压最小，在凌晨 3:00 前后自然风压达到最大值，由此可以看出，气温对自然风压的影响是非常大的。

经计算，在夏天 15:00 左右自然风压为 1 221 Pa，可以认为这个自然风压是一年之中最小的，在这个时候，矿井的通风最为困难，而且在斜坡道上的污风积累也最为严重。在冬天，3:00 左右自然风压为 1 576 Pa，可以认为这个自然风压是一年中最大的，在这个时候，井下的通风最为容易，而且在斜坡道上的污风积累也最小。

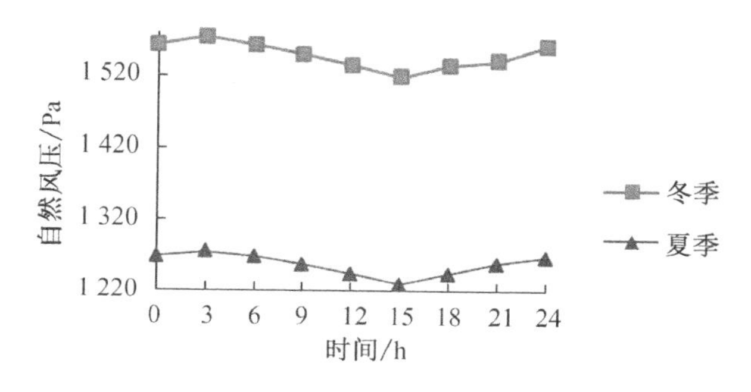

图 7.3　矿井冬夏两季自然风压在一天中的变化情况

7.4.2　运输活塞风对污风段通风影响分析

假设在斜坡道末端与−410 m 水平的联络巷处存在一辆逆风流方向行驶的矿车，单辆矿车速度以 10 m/s 计算得到矿车产生的活塞风风速为 0.162 m/s，与夏季该处的风速 0.159 m/s 接近；当多辆矿车同时运行时，活塞风效果将产生叠加效应，当车辆运行速度为 3～5 m/s 时，矿车逆风流方向行驶产生的活塞风风速与巷道风速接近，易造成此处污风停滞或反向。车辆通过以后，风流再次转向，周而复始，造成斜坡道−340 m 至−410 m 水平间斜坡道污风的汇集。

7.5　基于风幕理论的调风治理措施分析

7.5.1　污风治理对策及措施

针对柴油机车的污风问题，目前主要采取布局合理的矿井通风系统：

① 采用柴油机的每个工作场所都要确保有独立的新风流动，防止柴油机设备废气的污风串联，如有需要，还应增设井巷工程，确保有独立的进出风口。

② 采用柴油设备的地点应尽可能地保证有贯穿风流通过，尤其是采矿场和大断面的硐室。

③ 当采用某采矿方法的采矿场(如无底柱分段崩落法采矿场等)贯穿风流不能到达工作面时，应配备局部通风机予以增强通风。在一些矿井中，即使有通气通道，但是风量不足，也要安装局部通风机来增强通风。

④ 柴油设备的分布应与通风相结合考虑，在制订开采计划时，要注意做到使柴油设备既不过分集中也不过分分散。每个采区的柴油设备数量应基本固定，以避免各采区的需风量经常变化而导致通风困难。

⑤ 尽量采用对角式风井布置，使排出的柴油设备废气远离工作场地。

⑥ 对于运输巷道中的通风问题，由于汽车运行时与风流产生相对速度，汽车逆风运行时，相对速度增加，这样使柴油机产生的高浓度废气在小空间内的稀释加快，这对司机工作条件有利。因此，在运输巷道中的风向应与汽车运行的方向相反较好。同样，铲运机的重载运行方向，亦应尽可能与风向相反。

⑦ 在使用柴油机的矿井中，应特别关注柴油机供应所带来的若干问题。例如，在坑内建立地下柴油库或油槽等时，均应设有独立的通风风路，并应严格设置预防火灾的一系列措施。

7.5.2 风幕隔风调压理论

联络巷中经常有矿车、行人经过，因此可以考虑在此位置设置一个空气幕，以调整系统中的风流流量(图 7.4)，既可以增加阻力，又可以达到调整风流流量的目的，同时也可以避免对矿车、行人造成影响。在空气幕的压力小于巷道两端的压差时，空气幕则对风流起增阻作用，它的增阻效果可以用阻风率来衡量。阻风率与空气幕所在巷道的风阻、空气幕回流风阻、空气幕的有效压力、空气幕的出口断面积和巷道断面积比、巷道过风风量与空气幕风量比、空气幕的安装角等因素密切相关。

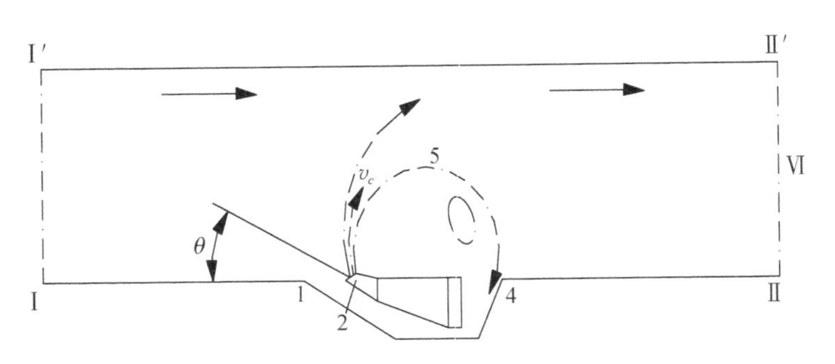

图 7.4 循环型单机增阻空气幕的流动模型

有效压力为：

$$\Delta H = \frac{\rho Q_c^2 \cos\theta}{(S/S_c + 1/2\cos\theta)} \tag{7.5}$$

式中　ρ——空气密度，kg/m^3；

Q_c——巷道过风风量，m^3/s；

θ——空气幕出口风流与巷道壁的夹角，°；

S——巷道断面积，m^2；

S_c——风幕出口断面积，m^2。

计算风幕装置的风阻比：

$$\eta_x = (1-\eta_g)\times 100\% = \frac{\sqrt{100tm^2 + bq^2 + 2bmt} - q\sqrt{bz}}{\sqrt{100tm^2 + bq^2 + 2bmt} + \sqrt{bz}} \times 100\% \tag{7.6}$$

式中　q——安装空气幕的巷道与其并联巷道的风阻比，$q=\sqrt{\frac{Q_{\mathrm{I}}-Q_{\mathrm{II}}}{R_1}}$；

t——空气幕回流风阻与空气幕并联巷道风阻之比，$t=\frac{R_c}{R_1}$；$m=\frac{Q_c}{Q_g}$；

$z=1+\frac{\cos\theta}{2k}$。

7.5.3　矿井所需风幕的计算分析

斜坡道内的风量在一年中变化较大，在某些位置极易出现风流紊乱甚至风流倒流的现象。在夏天，斜坡道内的风量最小，也是污风积累最为严重的时期，因此，可以考虑增加斜坡道内的风量，使得斜坡道内污风积累最严重时期的风量能够满足需求。从矿井的现状来看，由于−130 m及以上各水平的资源消耗殆尽，未来这个金属矿山主要集中在−340 m及以下各水平来进行开采工作，经过现场实测，发现斜坡道通往−130 m水平的风量达到25 m^3/s，远远超出了所需风量，因此，可以通过在斜坡道通往−130 m水平的联络巷上增大阻力，来降低风量。

在现场应用中 $v_c=6$ m/s，$\theta=30°$，$S=14.51$ m^2，$S_c=0.9$ m^2；通过计算可得风幕的有效压力 ΔH 为2 Pa，$\eta_x=31\%$，且现场应用效果良好。

7.5.4　矿井通风系统污风治理数值模拟分析

利用VENTSIM软件，对冬天3:00和夏天15:00两个时段的矿井通风系统进行了网络解算。首先，以矿井各个点位的3D坐标为基础，画出了一条完整的矿井风路，如图7.5

所示，然后将风路名称、巷道断面积、巷道长度、风阻等参数赋值到相应的风路中。

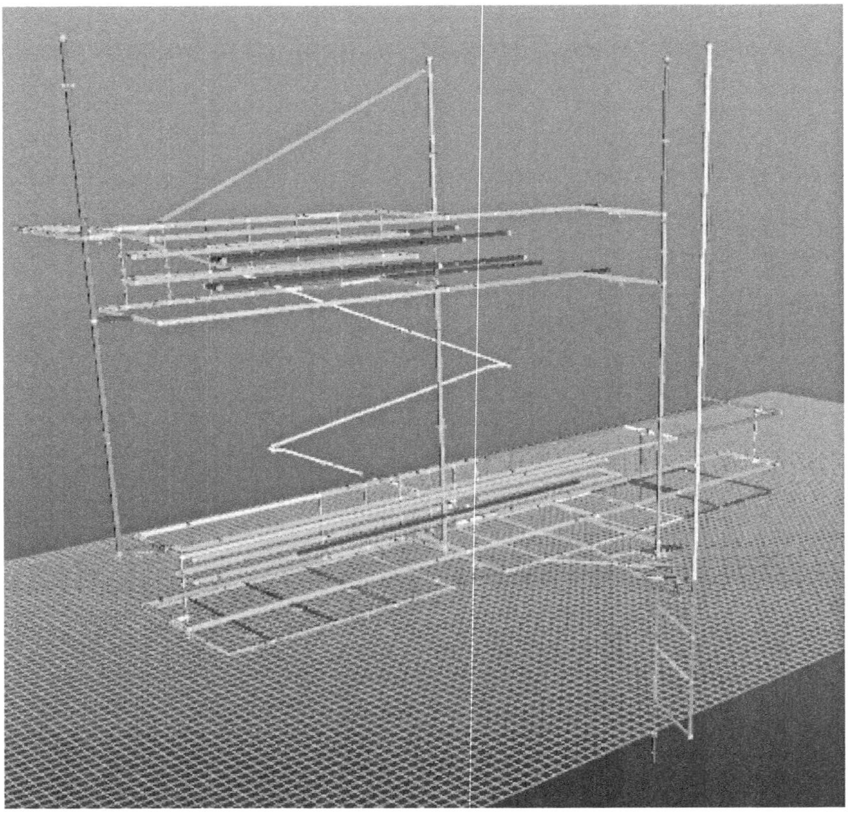

图 7.5 VENTSIM 软件构建的矿井通风系统模型

通过 VENTSIM 软件解算的结果如表 7.1 所示，可以得出，自然风压的作用导致在斜坡道污风积聚严重地点夏季的风量远远小于冬季的风量，通过增设风幕装置对矿井通风系统进行改造后，斜坡道末端在夏季时的风量大于冬季时的风量，且现场无明显污风积聚现象。

表 7.1 VENTSIM 软件解算的结果

时间	斜坡道末端的风量/($m^3 \cdot s^{-1}$)
冬季	6.9
夏季(改造前)	2.3
夏季(改造后)	7.5

第 8 章　基于区域评价体系的通风系统安全管理研究

煤矿通风系统的安全性评价是煤矿通风管理中不可缺少的环节。通过对煤矿井下通风系统运行状态的精确评估，可以为煤矿井下通风系统的调整提供科学依据，其中安全性和可靠性是煤矿井下通风系统安全评估的核心内容。矿井通风系统建立后，日常的通风管理除日常监管外，更多的是针对具体生产区域的监管。目前的通风评价体系主要针对全矿体系的管理，该评价体系设计宽泛，对日常监管指导性较弱。针对某金属矿山的通风系统的实际状况，本研究提出了基于区域通风系统评价指标体系的评价方法并应用于金属矿山的通风管理。

8.1　评价指标体系的建立

矿井通风系统管理评价分析表明，矿井通风系统主要构成要素为：通风网络、通风动力、通风设施及通风管理等方面内容。

(1) 通风网络，涉及巷道的基本通风参数、巷道的连接方式(串联、并联、角联、混联)、通风网络的复杂程度、通风网络的安全性等方面。在区域通风管理中，主要关注以下两个方面：①大系统对区域内通风网络的影响；②区域内通风网络的复杂程度对通风安全的影响。

(2) 通风动力，主要包括主要通风机、辅助通风机、局部通风机、自然风压及占比极小的引射器、高压风等。区域通风时，主要考虑区域内通风动力对区域通风的影响。

(3) 通风设施是风流进行方向、风流分配合理性的重要保证，一般主要和通风网络组合考虑，但在金属矿山风流控制中，通风设施可与多级机站联合运行来保障通风的顺利进行。

(4) 通风管理方面涉及因素众多，为保证通风管理的实施，该部分还包括通风的监测监控、通风的日常监管、通风人员状况等诸多因素。

按照通风管理的要求和目标，基于区域通风目的，本研究针对某金属矿山通风系统，将上述四个方面指标参数中的通风设施与通风动力融合，归纳出三大类指标，并将三大类指标细分为 12 项具体指标作为评价依据，建立了一个基于区域通风管理的评价指标体系，如图 8.1 所示。

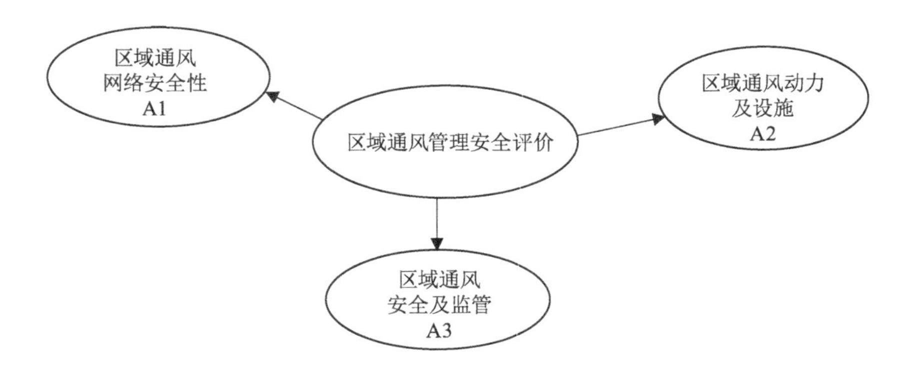

图 8.1 安全评价因素一级划分

建立区域通风系统评价指标体系，对通风安全管理的共性问题按区域进行评价分析，有助于提高监管目标的针对性和客观性。矿井通风系统运行状况的客观真实反映，是衡量其安全性的最主要指标。该体系中按照煤矿安全规程和矿井通风理论要求，将一级划分中的 3 个子系统作进一步的分解，建立二级划分，如图 8.2～图 8.4 所示。

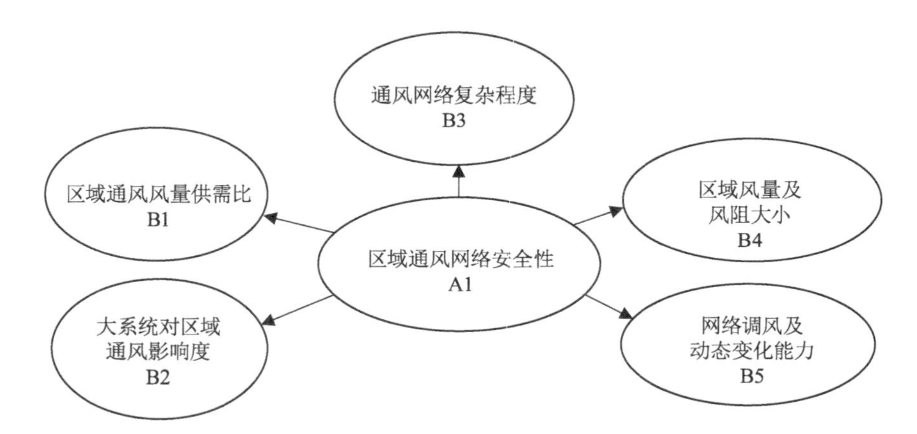

图 8.2 区域通风网络子系统

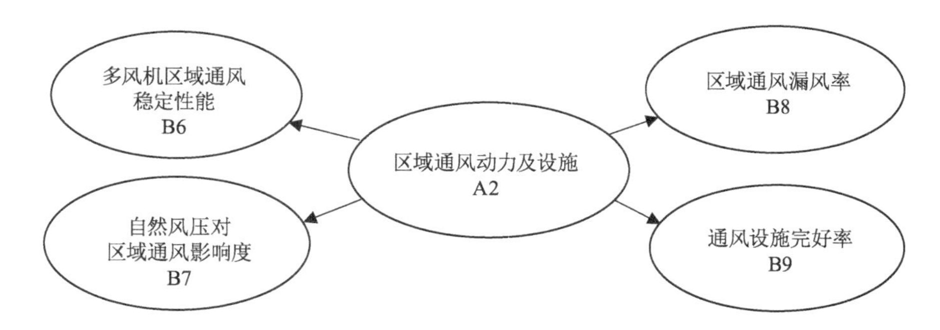

图 8.3 区域通风动力及设施子系统

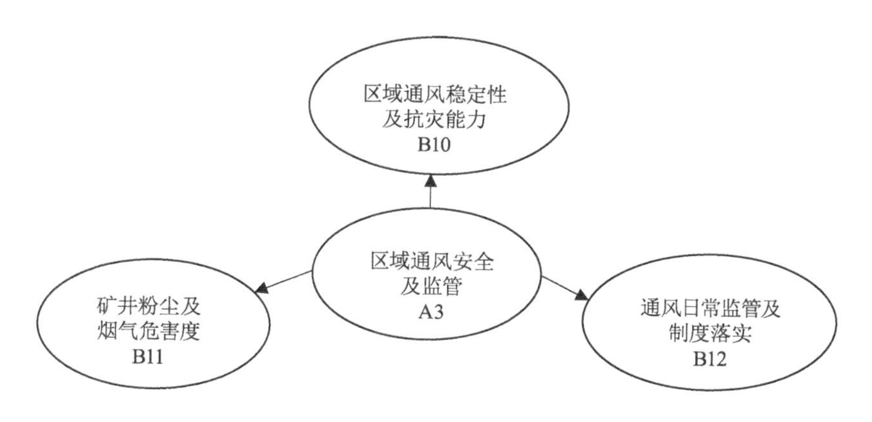

图 8.4　区域通风安全及监管子系统

8.2　评价指标的确定

常规通风系统设计解决的主要问题是：区域通风网络安全性 A1、区域通风动力及设施 A2、区域通风安全及监管 A3。这些问题包括定量参数和定性参数，它们构成了通风设计的决策状态空间。评价指标体系及判断准则见表 8.1。

表 8.1　评价指标体系及判断准则

	子系统	指标评判准则
区域通风网络安全性 A1	区域通风风量供需比 B1	矿井实际通过的风量 Q 与矿井所需风量 Q_0 的比值即是矿井风量供需比，用 β 表示。一般认为矿井风量供需比取值在[1，1.2]间较为合理，小于 1 时矿井风量不足，大于 1.2 时风量过剩，最大不超过 1.5
	大系统对区域通风影响度 B2	重点考察区域通风占矿井总用风量的百分比及主要通风系统变化时对区域通风系统的影响
	通风网络复杂程度 B3	区域内通风的串联、并联及角联用风状况及用风地点的多寡
	区域风量及风阻大小 B4	测算主要通风线路上通风的难易程度
	网络调风及动态变化能力 B5	要求矿井有完整独立的通风系统，矿井生产水平和采区无不合理的串联通风地点，矿井通风系统合理，区域反风能力好，抗灾能力强
区域通风动力及设施 A2	多风机区域通风稳定性能 B6	当多风机共同作用时，区域通风系统是否有不稳定风流存在及对现有通风系统的影响程度
	自然风压对区域通风影响度 B7	重点考虑不同季节自然风压对各区域用风地点的影响程度

（续表）

	子系统	指标评判准则
区域通风动力及设施 A2	区域通风漏风率 B8	为提高效率，根据矿井有效供风率不低于 80%的要求，对区域有效供风比情况评定如下：>95%，优秀；90%～95%，良好；85%～90%，中等；80%～85%，及格；<80%，不及格
	通风设施完好率 B9	控制风流的风门、风桥、风墙、风窗等设施必须可靠。不应在倾斜运输巷中设置风门；如果必须设置风门，应安设自动风门或设专人管理，并有防止矿车或风门碰撞人员以及矿车碰坏风门的安全措施。开采突出煤层时，工作面回风侧不应设置风窗。采空区必须封闭，与其他采区相通的巷道必须设置防火墙
区域通风安全及监管 A3	区域通风稳定性及抗灾能力 B10	系统失稳条件下区域通风系统的承载能力，灾变时期区域通风系统的抗灾能力
	矿井粉尘及烟气危害度 B11	矿井必须装备综合防尘设施并采取定期冲洗巷道、净化风流等综合防尘措施，在评价矿井污风治理时，关注柴油机车及炮烟等的排除及净化措施及能力，此项采用综合检查鉴定的方法作定性评定
	通风日常监管及制度落实 B12	依据通风仪表配备数量和通风仪表完好率确定隶属度，数量完全满足要求、且完好率在 95%以上的认定该项指标优秀（赋值 1），数量严重不足或完好率低于 80%的认定该项不得分（赋值 0），其余类推赋值。 检查管理制度是否健全。检查管理机构是否按要求设置。检查工作人员培训、持合格证上岗情况。矿井安全投入成本与矿井生产能力的百分比是否合理。侧重检查工作执行情况反馈及具体效果，安全管理各项制度的具体执行情况是否落实到位

8.3 评价过程中数据处理

1）低层指标评分的数学模型

（1）最低层的每项指标的评分（得分和扣分）按评价依据、标准的要求，评分方法和该指标的重要程度确定。

每一项指标的下一级各个指标得分之和（满分）均为 100 分。

（2）单一评价对象直接将得分相加即可。

（3）为了使评价结果不受评价对象多少的影响，不同规模的矿井具有可比性，且考虑到安全性，最低层指标涉及多评价对象时采用下式处理：

$$BS = \sqrt[n]{\prod_{i=1}^{n} B_i} \tag{8.1}$$

式中 BS ——评价对象的最后得分；

B_i ——对象 i 的得分。

(4) 定量指标评分是以连续的评语集方式进行评价的，可以根据有关标准，应用模糊数学原理建立隶属函数，如图8.5所示。例如，主要通风机效率的评分可用式(8.2)表示：

$$MARK=\begin{cases}0 & X<X_1\\ \dfrac{X-X_1}{X_2-X_1}(100-0) & X\in[X_1,\ X_2)\\ 100 & X>X_2\end{cases} \tag{8.2}$$

式中　X_1，X_2——目前认为的下限值和满意值，分别为0.3和0.7。

(5) 定性指标评分有两种情况：一是对照评价标准符合要求就给分，不符合要求就不给分；二是以离散-阶梯方式进行评分。如图8.6所示，某一指标的评分值域为[0,100]，分为5个档次，设$A=100$，$B=80$，$C=60$，$D=40$，$E=20$。根据评价对象是否符合评分的情况，按评分方法进行评分。当然，根据评价对象的具体情况，还可分为n个档次进行评分。

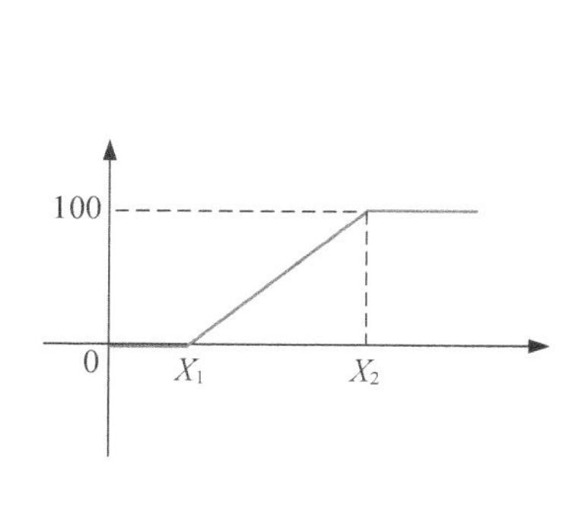

图8.5　连续型变量评分

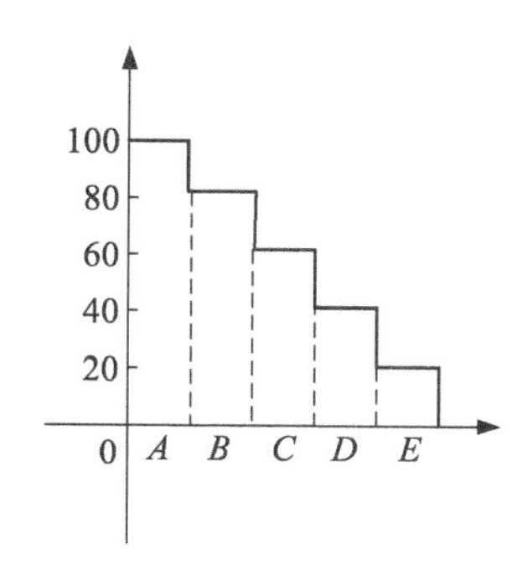

图8.6　离散-阶梯

(6) 多专家的数据处理，采用算术平均法处理各位专家对各个指标的评分数据。

$$ZB_i=\frac{1}{n}\sum_{j=1}^{n}ZJ_j \tag{8.3}$$

式中　ZB_i——指标i的得分；

ZJ_j——专家j的评分；

n——专家数。

2）缺项指标的权重再分配

如果某一类矿井缺少某一项或几项评价指标，则将所缺指标的权重按照保留指标的权重进行重新分配。重新分配的权重按下式计算：

$$WZB_i = \frac{WZB_{i0}}{100 - \sum_{j=1}^{m} WA_j} \cdot 100 \tag{8.4}$$

式中 WZB_i ——指标 i 的新权重；

WZB_{i0}——指标 i 的原权重；

WA_j ——缺项指标 j 的原权重；

m ——缺项数。

3）二级指标的得分再计算

在缺项指标进行权重再分配后，所在一级指标中的二级指标的得分应重新计算。新得分按下式计算：

$$ZB_i = \frac{WZB_{i0}}{WZB_i} \cdot ZB_{i0} \tag{8.5}$$

式中 ZB_i ——指标 i 的新得分；

ZB_{i0}——指标 i 的原得分。

（1）二级评价指标及其评价对象的得分计算

每个一级指标下的二级指标满分为 100 分，为各个指标的得分之和，用 S 表示。

评价对象：二级指标下还有评价对象，如采煤工作面、掘进工作面、采区、风门等均为评价对象。

单个评价对象的评分：当一个指标只有一个评价对象时，得分即是该指标的得分。

多个评价对象的评分：当一个指标有多个评价对象时，要对每一个评价对象分别进行评分，然后计算得分平均值作为该指标的得分，即：

$$F_i = \frac{1}{n} \sum_{j=1}^{n} f_j \tag{8.6}$$

式中 F_i ——指标 i 的得分；

f_j ——对象 j 的得分；

n ——对象个数。

（2）一级评价指标的得分计算

一级指标总分为 100 分。

权系数的分配有一个约束条件，即一个项目的 n 个指标的权系数之和等于 1，即：

$$\sum_{i=1}^{n} W_i = 1 \tag{8.7}$$

式中 W_i ——指标 i 的权重。

通风系统可靠性评价有 10 个指标，其中第 i 个指标的权重为 W_i，对应分值为 S_i，则采用加法合并规则可得矿井通风系统可靠性的评价总得分 S 为：

$$S = \sum_{i=1}^{10} W_i \cdot S_i \tag{8.8}$$

式中　S_i ——第 i 项二级指标的得分。

4）评价结论与评语

（1）矿井评价结论（评语）

评语确定的方法：将评价结果分为五个等级，等级由总分和单项指标分共同确定，确定方法如表 8.2 所示。

表 8.2　可靠性等级划分方法表

等级	优	良	中	合格	不合格
总分	≥90	≥80	≥70	≥60	<60
单项指标分	≥80	≥70	≥60	≥60	

（2）评价指标的评语

重点在于各单项指标的衡量，为此提出“相对可靠性”的概念。

所谓指标的相对可靠性，即某一（一级或二级）指标的得分与其标准分（满分）的百分比。

评价结果既有针对矿井的评语，也有针对评价指标的评语。

在进行综合评判时，参加评判人数（或评判次数）不能太少，且要有广泛的代表性和实践经验。

8.4　评价区域的划分

根据矿脉状况及现阶段开采工艺，某金属矿山通风系统管理可分为以下四个区域，如图 8.7 所示。由图 8.7 可以看出，浅部资源逐渐减少，现生产区域主要集中于－430 m 水平以西，－430 m 水平以东目前以开拓为主，深部－601 m 水平主要为矿石溜放及提升系统，四个用风区域相互独立，受通风大系统影响差异较大。根据生产通风要求，现将本矿主要通风管理区域划分为以下四个区域：

（1）区域一：－60 m 至－130 m 水平浅部区域通风系统。

（2）区域二：－340 m 至－430 m 水平主副井以西主要生产区域通风系统。

（3）区域三：－340 m 至－430 m 水平主副井以东开拓区域通风系统。

（4）区域四：深部－601 m 水平矿石溜放及提升系统用风区域。

矿井通风区域网络如图 8.8 所示。

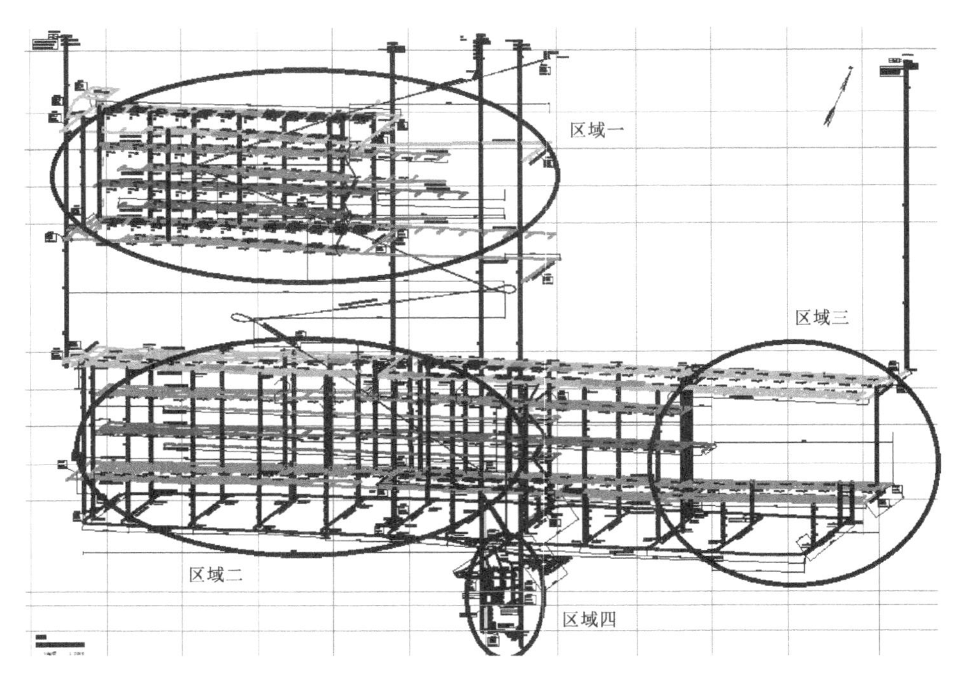

图 8.7　矿井通风评价系统区域划分

图 8.7 彩图链接

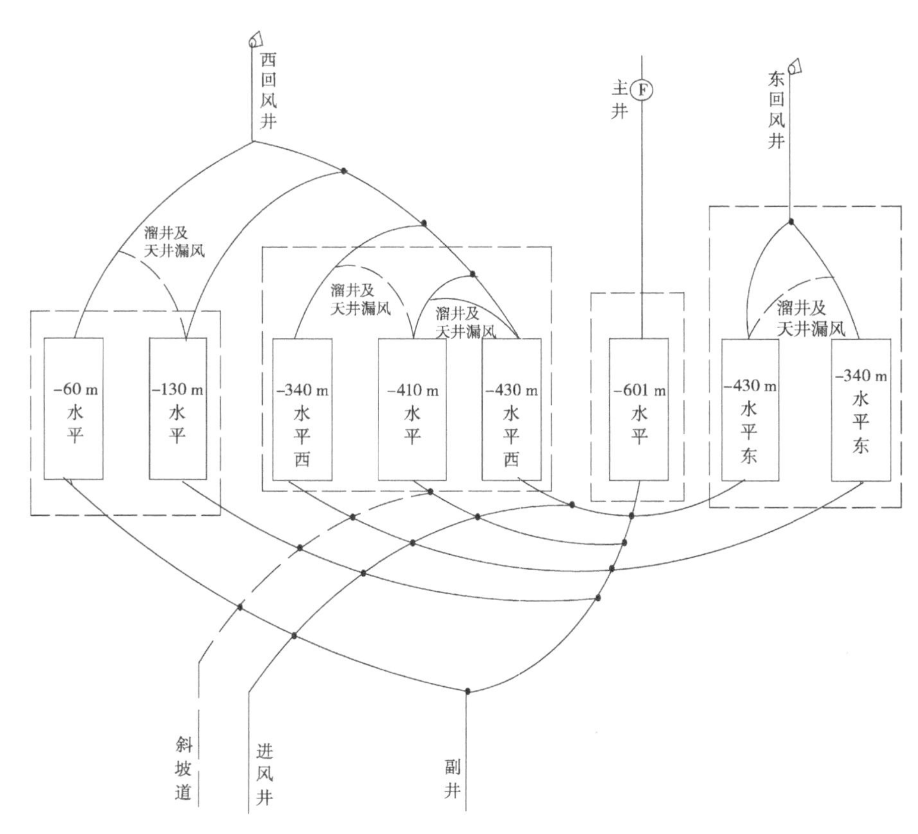

图 8.8　矿井通风区域划分网络图

8.5　矿井通风系统安全评价因素权重赋值

按分区划分好的各子系统评价权重赋值如下：

8.5.1　区域一(－60 m至－130 m水平浅部区域通风系统)

(1) 目标层(表8.3)

表8.3　目标层权重赋值

	区域通风网络安全性A1	区域通风动力及设施A2	区域通风安全及监管A3	权重
区域通风网络安全性A1	1	1/3	1/2	0.164
区域通风动力及设施A2	3	1	2	0.539
区域通风安全及监管A3	2	1/2	1	0.297

(2) 准则层：区域通风网络安全性A1(表8.4)

表8.4　区域通风网络安全性A1

	区域通风风量供需比B1	大系统对区域通风影响度B2	通风网络复杂程度B3	区域风量及风阻大小B4	网络调风及动态变化能力B5	权重
区域通风风量供需比B1	1	7	3	2	1/2	0.275
大系统对区域通风影响度B2	1/7	1	1/2	1/3	1/7	0.048
通风网络复杂程度B3	1/3	2	1	1/2	1/3	0.100
区域风量及风阻大小B4	1/2	3	2	1	1/5	0.138
网络调风及动态变化能力B5	2	7	3	5	1	0.439

(3) 准则层：区域通风动力及设施A2(表8.5)

表8.5　区域通风动力及设施A2

	多风机区域通风稳定性能B6	自然风压对区域通风影响度B7	区域通风漏风率B8	通风设施完好率B9	权重
多风机区域通风稳定性能B6	1	1/2	3	2	0.272
自然风压对区域通风影响度B7	2	1	5	3	0.482

（续表）

	多风机区域通风稳定性能 B6	自然风压对区域通风影响度 B7	区域通风漏风率 B8	通风设施完好率 B9	权重
区域通风漏风率 B8	1/3	1/5	1	1/2	0.088
通风设施完好率 B9	1/2	1/3	2	1	0.158

（4）准则层：区域通风安全及监管 A3（表 8.6）

表 8.6　区域通风安全及监管 A3

	区域通风稳定性及抗灾能力 B10	矿井粉尘及烟气危害度 B11	通风日常监管及制度落实 B12	权重
区域通风稳定性及抗灾能力 B10	1	1/6	1/5	0.082
矿井粉尘及烟气危害度 B11	6	1	2	0.575
通风日常监管及制度落实 B12	5	1/2	1	0.343

8.5.2　区域二（−340 m 至−430 m 水平主副井以西主要生产区域通风系统）

（1）目标层（表 8.7）

表 8.7　目标层权重赋值

	区域通风网络安全性 A1	区域通风动力及设施 A2	区域通风安全及监管 A3	权重
区域通风网络安全性 A1	1	3	5	0.648
区域通风动力及设施 A2	1/3	1	2	0.230
区域通风安全及监管 A3	1/5	1/2	1	0.122

（2）准则层：区域通风网络安全性 A1（表 8.8）

表 8.8　区域通风网络安全性 A1

	区域通风风量供需比 B1	大系统对区域通风影响度 B2	通风网络复杂程度 B3	区域风量及风阻大小 B4	网络调风及动态变化能力 B5	权重
区域通风风量供需比 B1	1	1/4	1/2	1/5	1/3	0.063
大系统对区域通风影响度 B2	4	1	3	1/2	2	0.274
通风网络复杂程度 B3	2	1/3	1	1/3	1/2	0.108

（续表）

	区域通风风量供需比 B1	大系统对区域通风影响度 B2	通风网络复杂程度 B3	区域风量及风阻大小 B4	网络调风及动态变化能力 B5	权重
区域风量及风阻大小 B4	5	2	3	1	2	0.375
网络调风及动态变化能力 B5	3	1/2	2	1/2	1	0.180

（3）准则层：区域通风动力及设施 A2（表 8.9）

表 8.9　区域通风动力及设施 A2

	多风机区域通风稳定性能 B6	自然风压对区域通风影响度 B7	区域通风漏风率 B8	通风设施完好率 B9	权重
多风机区域通风稳定性能 B6	1	7	3	4	0.553
自然风压对区域通风影响度 B7	1/7	1	1/4	1/3	0.062
区域通风漏风率 B8	1/3	4	1	1/2	0.176
通风设施完好率 B9	1/4	3	2	1	0.209

（4）准则层：区域通风安全及监管 A3（表 8.10）

表 8.10　区域通风安全及监管 A3

	区域通风稳定性及抗灾能力 B10	矿井粉尘及烟气危害度 B11	通风日常监管及制度落实 B12	权重
区域通风稳定性及抗灾能力 B10	1	1/5	1/7	0.074
矿井粉尘及烟气危害度 B11	5	1	1/3	0.283
通风日常监管及制度落实 B12	7	3	1	0.643

8.5.3　区域三（−340 m 至−430 m 水平主副井以东开拓区域通风系统）

（1）目标层（表 8.11）

表 8.11　目标层权重赋值

	区域通风网络安全性 A1	区域通风动力及设施 A2	区域通风安全及监管 A3	权重
区域通风网络安全性 A1	1	1/3	2	0.230
区域通风动力及设施 A2	3	1	5	0.648
区域通风安全及监管 A3	1/2	1/5	1	0.122

（2）准则层：区域通风网络安全性 A1（表 8.12）

表 8.12　区域通风网络安全性 A1

	区域通风风量供需比 B1	大系统对区域通风影响度 B2	通风网络复杂程度 B3	区域风量及风阻大小 B4	网络调风及动态变化能力 B5	权重
区域通风风量供需比 B1	1	1/2	2	1/3	3	0.161
大系统对区域通风影响度 B2	2	1	3	1/2	4	0.262
通风网络复杂程度 B3	1/2	1/3	1	1/4	2	0.099
区域风量及风阻大小 B4	3	2	4	1	5	0.416
网络调风及动态变化能力 B5	1/3	1/4	1/2	1/5	1	0.062

（3）准则层：区域通风动力及设施 A2（表 8.13）

表 8.13　区域通风动力及设施 A2

	多风机区域通风稳定性能 B6	自然风压对区域通风影响度 B7	区域通风漏风率 B8	通风设施完好率 B9	权重
多风机区域通风稳定性能 B6	1	1/3	1/2	3	0.165
自然风压对区域通风影响度 B7	3	1	4	8	0.558
区域通风漏风率 B8	2	1/4	1	1/2	0.159
通风设施完好率 B9	1/3	1/8	2	1	0.118

（4）准则层：区域通风安全及监管 A3（表 8.14）

表 8.14　区域通风安全及监管 A3

	区域通风稳定性及抗灾能力 B10	矿井粉尘及烟气危害度 B11	通风日常监管及制度落实 B12	权重
区域通风稳定性及抗灾能力 B10	1	1/3	1/5	0.107
矿井粉尘及烟气危害度 B11	3	1	1/3	0.260
通风日常监管及制度落实 B12	5	3	1	0.633

8.5.4　区域四(深部−601 m 水平矿石溜放及提升系统用风区域)

（1）目标层(表 8.15)

表 8.15　目标层权重赋值

	区域通风网络安全性 A1	区域通风动力及设施 A2	区域通风安全及监管 A3	权重
区域通风网络安全性 A1	1	1/2	1/7	0.103
区域通风动力及设施 A2	2	1	1/3	0.216
区域通风安全及监管 A3	7	3	1	0.681

（2）准则层：区域通风网络安全性 A1(表 8.16)

表 8.16　区域通风网络安全性 A1

	区域通风风量供需比 B1	大系统对区域通风影响度 B2	通风网络复杂程度 B3	区域风量及风阻大小 B4	网络调风及动态变化能力 B5	权重
区域通风风量供需比 B1	1	3	4	2	4	0.412
大系统对区域通风影响度 B2	1/3	1	3	1/2	2	0.169
通风网络复杂程度 B3	1/4	1/3	1	1/3	1/2	0.072
区域风量及风阻大小 B4	1/2	2	3	1	2	0.236
网络调风及动态变化能力 B5	1/4	1/2	2	1/2	1	0.111

（3）准则层：区域通风动力及设施 A2(表 8.17)

表 8.17　区域通风动力及设施 A2

	多风机区域通风稳定性能 B6	自然风压对区域通风影响度 B7	区域通风漏风率 B8	通风设施完好率 B9	权重
多风机区域通风稳定性能 B6	1	4	3	2	0.466
自然风压对区域通风影响度 B7	1/4	1	1/2	1/3	0.096
区域通风漏风率 B8	1/3	2	1	1/2	0.161
通风设施完好率 B9	1/2	3	2	1	0.277

(4) 准则层：区域通风安全及监管 A3(表 8.18)

表 8.18 区域通风安全及监管 A3

	区域通风稳定性及抗灾能力 B10	矿井粉尘及烟气危害度 B11	通风日常监管及制度落实 B12	权重
区域通风稳定性及抗灾能力 B10	1	1/3	1/5	0.100
矿井粉尘及烟气危害度 B11	3	1	1/7	0.187
通风日常监管及制度落实 B12	5	7	1	0.713

8.6 模糊综合评判理论分析

采用多目标决策法对区域矿井通风系统进行管理，可以对各区域通风的安全状况，通过管理问题所在得出科学合理的结果，并以此优化通风方案，指导通风安全管理工作。

矿井通风系统是一个运动的变化的系统，针对现有通风系统在查缺补漏的同时，还应考虑中长期的发展规律，有针对性地及时作出调整，以此完善矿井的通风管理工作。

8.6.1 理论分析步骤

运用层次分析法得出的权重向量 $\boldsymbol{W}=(u_1, u_2, \cdots, u_m)$ 进行模糊综合评价。对目标层和准则层系统进行评价并作出具体说明。

(1) 通过专家对每一个因素进行评价打分得出单因素评价矩阵：

$$\boldsymbol{R}=\begin{pmatrix} R_1 \\ R_2 \\ \vdots \\ R_n \end{pmatrix} \tag{8.9}$$

(2) 将权重向量 $\boldsymbol{W}$ 与单因素评价矩阵 $\boldsymbol{R}$ 进行运算，本次运算运用 $M(\wedge, \vee)$ 算子，算法如下：

$$S_k=\bigvee_{j=1}^{m}(u_j \wedge r_{jk})=\max_{1\leqslant j\leqslant m}\{\min(u_j, r_{jk})\}, \quad k=1, 2, \cdots, n \tag{8.10}$$

$$\boldsymbol{S}=\boldsymbol{WR}=(u_1, u_2, \cdots, u_m)\begin{pmatrix} r_{11} & r_{12} & \cdots & r_{1n} \\ r_{21} & r_{22} & \cdots & r_{2n} \\ \vdots & \vdots & \vdots & \vdots \\ r_{m1} & r_{m2} & \cdots & r_{mn} \end{pmatrix} \tag{8.11}$$

（3）对所得结果进行加权平均：

$$u^{*}=\frac{\sum_{i=1}^{n}\mu(v_i)\cdot s_i^k}{\sum_{i=1}^{n}s_i^k} \tag{8.12}$$

（4）得出最终评价等级，给出结果。

8.6.2　多目标区域管理比较

对某金属矿山根据通风状况划分的四个区域进行分析，如表 8.19 所示。

表 8.19　区域通风特点分析

区域	主要通风特点
区域一	该区域埋深较浅，进回风线路短，供风充裕，但用风地点相对较多
区域二	该区域为主要的采场和用风地点，供风线路长，需风量大，漏风严重
区域三	该区域为开拓区域，通风网络简单，需风量小
区域四	该区域主要负责矿石的转运和提升，供风线路长，通风网络相对复杂

8.6.3　方案的评判指标矩阵

按照所拟定的区域通风评判方案相关参数进行计算，依据解算的结果，得出各区域通风状况的评价指标矩阵（表 8.20），其中定性指标的具体值依据各区域的实际情况以及前面所给定的评价方法评定给出。

8.7　区域通风综合评价及建议

8.7.1　区域通风综合评价

根据某金属矿山通风实际情况，选取熟悉金属矿山通风状况的 5 名专家对各区域的通风状况进行赋值打分，分别计算各区域指标参数得分及等级，并最终判断各区域的通风状况，如表 8.20 所示。

表 8.20　区域通风评价指标得分及等级

区域	目标层	得分	合计	百分制	等级
区域一：－60 m 至－130 m 水平浅部区域通风系统	区域通风网络安全性 A1	3.8	12.7	76	中等
	区域通风动力及设施 A2	4.4		88	良好
	区域通风安全及监管 A3	4.5		89	良好
区域二：－340 m 至－430 m 水平主副井以西主要生产区域通风系统	区域通风网络安全性 A1	3.7	11.6	74	中等
	区域通风动力及设施 A2	3.5		70	中等
	区域通风安全及监管 A3	4.4		88	良好
区域三：－340 m 至－430 m 水平主副井以东开拓区域通风系统	区域通风网络安全性 A1	4.6	12.6	92	优秀
	区域通风动力及设施 A2	4.0		80	良好
	区域通风安全及监管 A3	4.0		80	良好
区域四：深部－601 m 水平矿石溜放及提升系统用风区域	区域通风网络安全性 A1	4.1	11.1	82	良好
	区域通风动力及设施 A2	3.9		78	中等
	区域通风安全及监管 A3	3.1		62	及格

从表 8.20 中可以看出，区域一、三综合性指标分别为 12.7 和 12.6，表明这两个区域通风综合管理评价得分接近且最好；区域一指标较好的参数是 A3，表明该区域通风安全性及通风安全监管效果良好，但相对于区域三而言，区域一的通风网络复杂程度要劣于区域三。区域四总评级指标最低，其中 A3 评价值最差，这是由于区域通风网络的复杂度高及区域水平位于矿井最深部应加强该区域的通风管理管理。

通过以上对某金属矿山区域通风管理评价的结果不难看出，某金属矿山综合通风系统以良好、中等为主，符合矿井生产要求，但不同区域不同评价指标差异较大，因此对通风管理的侧重点和要求应有差异。

8.7.2　区域通风管理建议

1）风流的调节控制措施

在矿井通风网络中，风流按各风路风阻大小自然流动，即风量按风流运动的自然规律，分配给各作业地点，而井下作业地点实际需要的风量，这就要求在通风网络复杂的区域四应通过调节措施加强管理。对通风网络复杂、需风量较大的区域二应增加风量配置同时注意加强通风管理。

2）矿井总风量调节

根据井下通风阻力的变化，通过改变矿井的风阻特性，即主要通过改变巷道断面来实行降阻调节，矿井总进风道和总回风道的风阻对全矿的总风阻影响很大，在靠近进回风侧可以通过通风设施合理调风，在用风地点偏远区域适当利用巷道和采场的通风阻力或利用局部通风机调节，其中特别要考虑不同季节自然风压对区域通风的影响。

3）采用通风构筑物

可对区段风量进行合理分配调节，并可形成中段通风网络。主要包括风门、风窗、风墙调节，在集中回风中段、进风段需要人员、车辆通过处或风机绕道处，需设立风门进行风流隔断。

风门用木板或铁板制成，木制风门的门扇与门框之间呈斜面接触，比较严密，结构坚固。风门开启方向要迎着风流，使风门关闭后，受风压作用而保持严密。门框与门轴均应倾斜 80°～85°，使风门能借自重关闭，为防止漏风和保持风流稳定，应同时设置两道或多道风门。

4）小型辅助通风机调节

对于部分仅依靠系统风压难以满足风量需求的区段，可采用小型辅助通风机进行风流调节，当调节风量较大时，一般应采用有风墙的辅助通风机调节，即在安设辅助通风机的巷道断面上，除辅助通风机外，其余断面均用风墙密闭，巷道的风流全部通过辅助通风机。当调节风量较小时，一般选用无风墙的辅助通风机调节。

辅助通风机具有安装、移动方便等优点，辅助通风机应设在巷道平直而断面较小的地方，并尽可能安设在巷道断面的中心位置，使扇风机射出的风流沿巷道中心线方向流动，以减少能量损失，提高通风效果。

5）矿用空气幕调节

矿用空气幕一般用于人行、车辆运输频繁，需进行风流调节的巷道，既能达到隔断或调节风流的目的，又不影响通车和行人。当需增大风流时，空气幕顺巷道风流方向运行，可实现升压调整；当需减小风流时，则可逆风流方向运行，可实现增阻调整。

6）采场用风地点的合理布置

随着某金属矿山生产规模的逐渐扩大，矿井将向深部发展，此时矿井通风问题将愈发突出，除传统的通风管理手段外，可结合现有通风系统特点，合理布置采场及生产规模，使现有通风系统能适应矿井中长期发展需要。

8.8　某金属矿山通风管理分析

根据前面的区域通风评价结果结合某金属矿山通风实际情况，对该矿山的区域通风管理分析如下：

1）完备的通风组织机构构建

某金属矿山作为大型矿井应设通风区（科），全矿可设通风段。通风段负责一个或几个采区的通风任务。

2）行之有效的通风规章制度建立

进行区域通风管理时，除必须执行相关矿山安全规章制度外，还应建立完备的矿井通风系统检查制度。

矿井通风系统检查与管理主要包括以下内容：

① 空气成分（包括各种有毒有害气体）与气候条件的检查。

② 矿井空气含尘量的检查。

③ 全矿风量、风速的检查。

④ 全矿通风阻力的检查。

⑤ 矿井主要扇风机工况的检查，辅助通风机与局部通风机工作情况的检查。

⑥ 随着生产形势的发展和变化，在每一段时间里，对矿井与每个区域的需风量进行计算，并对每个需风点进行合理的分配。

⑦ 对主要通风构筑物和通风巷道进行检查与维修。

⑧ 矿井粉尘及污风的检查与处理。

⑨ 反风措施管理规章及制度。

⑩ 其他。

3）其他监管技术要求

① 确保通风构筑物施工质量，严格按设计施工，防止矿井漏风。

② 减少井巷直角拐弯，以降低局部通风阻力损失。

③ 加强通风技术管理，保证主要通风井巷畅通，及时对废弃井巷进行密闭。

④ 对暂时不作业采场可进行临时密闭，以提高有效风量率。

⑤ 严格管理风机，确保风机按需运行。

8.9 通风建议

在矿井通风系统的研究中应注意以下一些技术问题：

（1）研究不同类型矿的自然条件和生产技术条件对构成通风系统诸要素的影响。在此基础上，针对其各自的特性，选择合适的通风系统类型，并给出各种典型通风方式的设计方案。

（2）研究减少漏风，以提高有效风量率的措施。包括合理的开拓、开采技术，正确使用通风动力、风压，利用新材料、新工艺研发新型通风构筑物。

(3) 开展矿井通风网络结构形式的研究，提倡因地制宜地创造多种类型风路结构形式，研究各类通风网的适用条件及其技术经济效果。

(4) 研究通风系统中风流变化的规律，重点分析各种动力因素、热力因素对风流变化的影响和危害，并探索有效的控制方法，以保证风流的稳定性和可靠性。

(5) 研究适合金属矿山风量、风压特性的高效率主要通风机、辅扇和局扇。研究各类扇风机在通风系统中合理使用的方法。

(6) 研究主要进、回风井的合理风断面，各类井巷、通风装置及通风构筑物的能力特性，以及降低通风阻力。

(7) 研究井下破碎硐室、放矿溜井等局部污染源的扩散规律，局部净化系统，采取防止风流污染的措施。

(8) 研究矿井通风系统的检测方法、新型测试仪表以及自动监测系统。

参考文献

[1] 王洪德,马云东. 基于网络模型的通风系统可靠性分配方法研究[J]. 煤, 2003,12(3): 4-6.

[2] 程远国, 王德明. 矿井通风系统可靠性研究 [J]. 太原理工大学学报,1998,29(4): 103-107.

[3] 王洪德,马云东. 基于单元特性的通风系统可靠性分配方法研究[J]. 中国安全科学学报,2004,14(9): 11-15.

[4] 王从陆. 非灾变时期金属矿复杂矿井通风系统稳定性及数值模拟研究[D]. 长沙: 中南大学,2007.

[5] 王从陆,吴超. 矿井通风及其系统可靠性[M]. 北京: 化学工业出版社,2007.

[6] 吴超. 矿井通风与空气调节[M]. 长沙: 中南大学出版社,2008.

[7] 王洪德,马云东. 基于故障统计模型的可修通风系统可靠性指标体系研究[J]. 煤炭学报,2003,28(6): 617-621.

[8] 曹凯,王德明. 基于层次分析法的矿井通风系统安全评价指标[J]. 煤矿安全,2010,41(5): 43-46.

[9] 袁梅,张义平,王作强. 基于层次分析法的非煤矿山安全标准化评价体系[J]. 矿业研究与开发,2010,30(3): 99-102.

[10] 赵建会, 屈永利,袁晓翔,等. 老矿井通风系统评价指标体系及其应用[J]. 煤炭科学技术, 2011,39(8): 60-63.

[11] 苏盈盈, 刘光华,李景哲,等. 矿井通风系统指标体系的约简及其安全评价[J]. 中国安全科学学报, 2013,23(9): 83-89.

[12] 梁凯. 矿井通风系统评价指标研究[J]. 能源与节能, 2018(7): 38-39.

[13] 黄元平,赵以惠. 矿井通风系统的评价方法[J]. 煤矿安全, 1983(9): 24-31.

[14] 王省身,赵以惠,张惠忱,等. 河南省重点煤矿通风安全可靠性研究[R]. 北京: 中国矿业大学,1998.

[15] Wu X S, Topuz E. Analysis of mine ventilation systems using operations research methods[J]. International Transactions in Operational Research, 1998, 5(4): 245-254.

[16] Cheng J, Zhou F, Yang S. A reliability allocation model and application in designing a mine ventilation system[J]. Iranian Journal of Science and Technology-transactions of Civilengineering, 2014, 38(C1): 61-73.

[17] Zhou C, Wang M Z. Research on a new system with neglected or delayed failure impact[J]. Communications in Statistics-theory and Methods, 2013, 42(1): 1-10.

[18] Mahdevari S, Shahriar K, Esfahanipour A. Human health and safety risks management in underground coal mines using fuzzy TOPSIS[J]. Science of the Total Environment, 2014, 488:

85-99.

[19] An H M, Lin B, Lv L X. Positioning mine ventilation recirculation winds based on the depth-first search method[J]. Procedia Engineering, 2011, 24: 400-403.

[20] Karacan C O. Modeling and prediction of ventilation methane emissions of U. S. longwall mines using supervised artificial neural networks[J]. International Journal of Coal Geology, 2008, 73(3): 371-387.

[21] Li X X, Wang K S, Liu L W, et al. Application of the entropy weight and TOPSIS method in safety evaluation of coal mines[J]. Procedia Engineering, 2011, 26: 2085-2091.

[22] Shen F M, Chen B H, Yang J. Study on construction and quantification of evaluation index system of mine ventilation system[J]. Procedia Earth and Planetary Science, 2009, 1(1): 114-122.

[23] Ni W Y, Liu B K, Gai W M. The research on integrated visual information management system of the mine ventilation and safety[J]. Procedia Engineering, 2011, 26: 2070-2074.

[24] Li M, Wang X R. Performance evaluation methods and instrumentation for mine ventilation fans [J]. Mining Science and Technology,2009,19(6): 819-823.

[25] Krach A. Node method for solving the mine ventilation networks[J]. Archives of Mining Sciences, 2011, 56(4): 601-620.

[26] Li B R, Masahiro I, Shen S B. Mine ventilation network optimization based on airflow asymptotic calculation method[J]. Journal of Mining Science, 2018, 54(1): 99-110.

[27] Senkus V V, Ermakov A Y. Ventilation of mines developed by the combined method of coal mining [J]. IOP Conference Series: Earth and Environmental Science, 2016, 45(1): 012004.

[28] Fong S L, Tan V Y F. Strong converse theorems for discrete memoryless networks with tight cut-set bound[C]//2017 IEEE International Symposium on Information Theory, Aachen Germany. IEEE, 2017: 933-937.

[29] 韦道景. 多台主扇运转时的调节影响分析[J],煤炭技术,2001,20(11): 10-11.

[30] 贾进章,周西华,刘剑. 风机特性曲线数据拟合最佳次数的确定[J],辽宁工程技术大学学报(自然科学版),2000,19(5) : 478-480.

[31] 王凤良,赵新. 利用图解法解析“H”型通风网路的实际应用[J]. 煤炭技术,2005,24(3): 75-76.

[32] 汪鹏,刘剑,李雨成. 矿井多主扇联合运转分析[J]. 矿业快报,2006(8): 19-21.

[33] 徐瑞龙. 多台主扇同时运转的工况分析[J]. 河北煤炭,1988(2): 43-46.

[34] 王窈惠,胡亚非. 通风机并联运行“工况点对”迁移规律的实验研究[J]. 煤炭学报,2000,25(3): 287-289.

[35] 马恒,贾进章,于风伟. 复杂网络中风流的稳定性[J]. 辽宁工程技术大学学报(自然科学版),2001, 20(1): 14-16.

[36] 李庆军,侯国忠,黄晓波. 浅谈多风井多风机分区并联通风[J]. 煤炭技术,2005,24(2): 67-68.

[37] 杨运良,王振江,程磊. 千秋煤矿 4#风井风流反向问题分析及对策[J]. 煤矿安全,2007,38(1):

41-43.
[38] 吴旭明,储国平. 沛城煤矿进风井风流反向原因分析及治理措施[J]. 江苏煤炭,2003,28(4):17-18.
[39] 王勇. 车集矿副井风流反向的原因分析及对策[J]. 煤矿安全,2000,31(3):30-31.
[40] 翟茂兵. 多风井联合通风矿井降阻及提高抗灾能力探析[J]. 煤矿开采,2004,9(2):73-74,78.
[41] 刘赴前,周游. “五位一体”之多风机联合运转优化分析方法研究[J]. 华北科技学院学报,2012,9(2):30-34.
[42] 白铭声. 矿井通风机设备运行与组合设计[M]. 北京:煤炭工业出版社,1987.
[43] 周心权. 我国矿井环境模拟和控制技术的研究进展[J]. 中国安全科学学报,1993(1):1-6,2.
[44] Sjostrom S, Klintenas E, Johansson P, et al. Optimized model-based control of main mine ventilation air flows with minimized energy consumption[J]. International Journal of Mining Science and Technology, 2020, 30(4): 533-539.
[45] Witrant E, D Innocenzo A, Sandou G, et al. Wireless ventilation control for large-scale systems: the mining industrial case[J]. International Journal of Robust and Nonlinear Control, 2010, 20(2): 226-251.
[46] 吴海波,施式亮,念其锋. 瓦斯浓度流数据实时异常检测方法[J]. 计算机与数字工程,2019,47(5):1086-1090,1105.
[47] 路广. 矿井通风自动化监测系统的应用研究[J]. 当代化工研究,2020(1):70-71.
[48] 张红宁. 矿井通风技术发展趋势[J]. 能源与节能,2018(9):133-134,176.
[49] 陈开岩,周福宝,夏同强,等. 基于空气状态参数与风量耦合迭代的风网解算方法[J]. 中国矿业大学学报,2021,50(4):613-623.
[50] 贺炳伟. 煤矿智能通风与安全保障平台方案架构[J]. 陕西煤炭,2021,40(6):169-171,198.
[51] 赵海涛. 矿井通风系统的共性问题分析与优化实践[J]. 矿业装备,2022(1):184-185.
[52] 邵良杉,张佳琦,于保才,等. 基于TF-熵权法的矿井通风系统可靠性可拓评价[J]. 中国安全生产科学技术,2022,18(4):106-112.
[53] 马旭,孙计全,董祥武. 矿井通风系统优化方法探究[J]. 内蒙古煤炭经济,2022(9):42-44.
[54] 潘晋. 煤矿通风系统及风量优化分析[J]. 能源与节能,2022(1):96-97.
[55] 王海宁,程哲. 空气幕研究进展[J]. 有色金属科学与工程,2011(3):40-46.
[56] 中南矿冶学院,等. 空气幕生产试验报告[C]. 中国金属学会全国金属矿山通风防尘专题学术会议论文,1956.
[57] 郭康宁. 冷库门、空气幕存在的问题及对策[J]. 冷藏技术,1993,63(2):24-25.
[58] 陈江平,冯欣,穆景阳. 吹吸式非等温双层空气幕紊流特性数值分析[J]. 制冷学报,2001,22(4):16-20.
[59] 何嘉鹏,王东方,王克金. 冷库大门的空气幕结构设计计算模型[J]. 南京建筑工程学院学报,1999(2):48-52.

[60] 何嘉鹏. 冷库空气幕的计算方法[J]. 南京建筑工程学院学报,1992(1): 21-26.
[61] 何嘉鹏. 冷库大门的流场分析[J]. 流体机械,1994,22(2): 58-60,65.
[62] 何嘉鹏,宫宁生,龚延风,等. 剧院舞台的火灾流场分析[J]. 南京建筑工程学院学报,1995(2): 49-53.
[63] 何嘉鹏,王东方,王健,等. 高层建筑防烟空气幕设计参数的数学模型[J],应用科学学报,1999,17(3): 371-376.
[64] 何嘉鹏,王东方,韩丽艳,等. 防烟空气幕二维数学模型[J]. 土木工程学报,2003,36(2): 104-107.
[65] 汤晓丽,史钟璋. 横向气流作用下气幕封闭特性的理论研究[J]. 建筑热能通风空调,1999,18(2): 6-8.
[66] 汤晓丽,史钟璋. 横向气流作用下气幕封闭特性的实验研究[J]. 建筑热能通风空调,1999,18(3): 1-5.
[67] 史自强,史钟璋,汤晓丽. 空气幕计算方法的实验研究[J]. 青岛建筑工程学院学报,2001,22(3): 1-4.
[68] 黄元平. 矿井通风[M]. 北京:中国矿业大学出版社,1986: 79-147.
[69] 张兆瑞,郭扁顿,郭建珠,等. 矿井通风系统评价指标向量及其应用研究[J]. 西安矿业学院学报,1995,15(4): 379-384,373.
[70] 周福宝,王德明,李正军. 矿井通风系统优化评判的模糊优选分析法[J]. 中国矿业大学学报,2002,31(3): 262-266.
[71] 谭允祯. 矿井通风系统优化[M]. 北京:煤炭工业出版社,1992: 44-47.
[72] 谢贤平,李强,许小凯. 矿井通风系统的稳定性评价[J]. 安全与环境学报,2023(4): 989-997.
[73] 谭允祯,范明训. 矿井通风系统的评判指标及权值[J]. 山东矿业学院学报,1991(4): 373-380.
[74] 谭允祯. 矿井通风系统的分析方法及其初步研究[J]. 煤矿安全,1984(11): 1-7.
[75] 谭允祯,白念信,马士亮,等. 自然风压对采区风流稳定性的影响及预防[J]. 山东科技大学学报(自然科学版),2005,24(4): 7-9,16.
[76] 辛嵩,范明训,谭允祯. 矿井通风系统方案的灰色综合评价[J]. 煤矿安全,1994,25(3): 41-43.
[77] 沈斐敏. 矿井通风理论与技术[M]. 北京:中国矿业大学出版社,2000.
[78] 谢贤平,赵梓成. 矿井通风系统多目标模糊优化的数学模型[J]. 河北理工学院学报,1996,18(3): 4-10.
[79] 辛嵩,范明训,谭允祯. 矿井通风系统方案的灰色综合评价[J],煤矿安全,1994,25(3): 41-43.
[80] 郁钟铭,伍宇光. 层次分析法(AHP)在矿井通风系统方案优化中的应用[J]. 贵州工业大学学报,1997,26(5): 64-71.
[81] 谢贤平,冯长根,王海亮. Analysis of mine ventilation network using genetic algorithm[J]. Journal of Beijing Institute of Technology(English Edition),1999(2): 33-38.
[82] 谢贤平,赵梓成. 矿井通风系统评价的人工神经网络模型[J]. 化工矿山技术,1995(4): 13-17.